中公文庫

孫子・呉子

町田三郎
尾崎秀樹 訳

目次

＊＊＊＊＊＊＊＊＊＊＊＊＊＊＊＊＊＊＊

孫子・呉子

孫子

凡例

一、本書は『孫子』全篇を収録し、各章ごとに読み下し・口語訳・注釈・内容解説（※印の箇所）の順で配列した。

一、分章は、主として金谷治『孫子』により、ゴシック体の通し番号を付した。

一、底本には『宋本十一家注孫子』を用いたが、校訂にあたっては宋本『武経七書』、清の孫星衍の平津館本『魏武注孫子』、岱南閣本『十家注孫子』、仙台藩の桜田景迪の『古文孫子』（桜田本）を主として参考にし、さらに『群書治要』『通典』『北堂書鈔』『太平御覧』などに引かれたものをも参照した。また研究書では武内義雄『孫子考文』に大きな助けを得た。

一、口語訳にさいしては『十家注孫子』はもとより、荻生徂徠の『孫子国字解』、金谷治の『孫子』などを参照した。

一、注釈は、語句釈・人名・地名などは〈…〉で、読み下しの校訂とその解釈については＊1、＊2…の番号で示した。

第一　計篇

戦争の重大さを自覚し、開戦前に慎重を期して敵味方の実力を計らねばならぬこと、またそのさいの目安とすべき項目について説く。篇名を「始計」とするものもある。

一　孫子曰わく、兵とは国の大事なり。死生の地、存亡の道、察せざるべからざるなり。故にこれを経るに五事を以てし、これを校ぶるに計*1を以てして、其の情を索む。一に曰わく道、二に曰わく天、三に曰わく地、四に曰わく将、五に曰わく法。

孫子はいう。戦争は国家の重大事である。国民の死活の決まるところ、国家存亡のわかれ道であるから、よくよく熟慮してかからねばならない。そこで、五つの事項についてはかり考え、七つの事項について見積もり比べあわせて、彼我（ひが）の実情を求める。五つの事項とは、第一は道、第二は天、第三は地、第四は将、第五は法である。

＊1　桜田本「七計」に作る。「五事」に対してわかり易いが、次章及び諸本にないのに従った。

二　道とは民をして上（かみ）と意を同じうし、これと死[1]すべく、これと生くべくして、危（うたが）[2]わざらしむるなり。[3]天とは陰陽・寒暑・時制なり。地とは遠近・険易（けんい）・広狭・死生なり。将とは智・信・仁・勇・厳なり。法とは曲制・官道・主用なり。凡（およ）そ此（こ）の五者は、将は聞かざることなきも、これを知る者は勝ち、知らざる者は勝たず。故（ゆえ）にこれを校（くら）ぶるに計を以てして、其の情を索（もと）む。曰わく、主、孰（いず）れか有道なる、将、孰れか有能なる、天地、孰れか得たる、法令、孰れか行なわる、兵衆、孰れか強き、士卒、孰れか練（なら）いたる、賞罰、孰れか明らかなる、と。吾（われ）、此れを以て勝負を知る。

道というのは、人民の心を上に立つ人の心と一つにさせ、生死をともにして疑わないようにさせる政治のことである。天とは、陰陽や気温や時節など、自然界のめぐりのことである。地とは、距離の遠近、険しいのと平坦(へいたん)なのと、広いのと狭いのと、死地と生地(せいち)と、それら地勢のことである。将とは、才知や誠信(まごころ)や仁慈や勇気や威厳など、将軍の器量についてのことである。法とは、軍隊編成の法規や官職の担当分野のきまりや、主軍の用度などについての軍制のことである。およそこの五つの事項については、将軍たる者だれでも一応は心得ているが、真に理解している者は勝ち、真に理解していない者は勝てない。だから、真に理解している者は、七つの計算で敵味方の力量を比べあわせて、その実情を求めるのである。すなわち、君主はどちらのほうが道を体得しているか、将軍はどちらのほうが有能であるか、天の時と地の勢はどちらに有利であるか、法令はどちらのほうが徹底して行なわれているか、軍隊はどちらが強いか、兵士はどちらが訓練されているか、賞罰はどちらが公正に行なわれているか、の七つである。わたしはこれらのことから戦わずして勝敗を知るのである。

〈道とは民をして…〉『淮南子』兵略篇の「兵の勝敗はもと政にあり。政其の民に勝ちて、下其の上に附けば、則ち兵強し。…」を参考にして理解するとよかろう。

〈陰陽〉明暗・晴雨・乾湿などのこと。

〈死生〉死地・生地。死地は荒れ地のこと。生地は行軍篇に「生を視て高きに処り」とあるその生地であろう。草木の生いしげっている地のこと。

＊1　宋本には「同意也、故可与之死」と「也故」の二字があって上下の文は切れているが、諸本にしたがってこの二字を除き、続けて読むことにした。

＊2　宋本では「死」「生」の上におのおの「以」の字があるが、諸本にしたがって除いた。

＊3　宋本では「畏危」とある。清の兪樾の説にしたがって「畏」の字を除いた。

三　将、吾が計を聴かば、これを用いて必ず勝たん。これに留らん。将、吾が計を聴かずんば、これを用うるといえども必ず敗れん。これを去らん。

計、利として以て聴かるれば、乃ちこれが勢を為して、以て其の外を佐く。
勢とは利に因りて権を制するなり。

将軍が、このわたしのはかりごとをおききとどけ下さるなら、わたしにお任せになって、勝利は間違いございますまい。わたしはあなたのもとにとどまりましょう。はかりごとをおききとどけ下さらぬなら、わたしを任用なさっても敗れるに決まっています。わたしはこの地を立ち去りましょう。はかりごとの有利さがおわかりいただけたら、次には勢というものを醸成して、外側からの助けとします。勢というのは、有利な状況にもとづいて、臨機応変の処置がとれる態勢のことなのです。

〈将、吾が…これを去らん〉将軍がわたしのはかりごとをきき入れるなら、その将軍を任用しなさい。しないなら解雇しなさい、とも解釈できる。「将」を「もし」と読む説もある。

※この章では、まず五事七計の計算の重要性を説き、さらに実戦にあたっては権変の道としての詭道が必要であるともいって、次の第四章の導入とする。勢のことは勢篇に詳しい。なお、他章とは文体が異なるので、訳の文体も変えた。

四 兵とは詭道なり。故に、能なるもこれに不能を示し、用なるもこれに不用を示し、近くともこれに遠きを示し、遠くともこれに近きを示し、利にしてこれを誘い、乱にしてこれを取り、実にしてこれに備え、強にしてこれを避け、怒にしてこれを撓し、卑にしてこれを驕らせ、佚にしてこれを労し、親にしてこれを離つ。其の無備を攻め、其の不意に出ず。此れ兵家の勢*1にして、先には伝うべからざるなり。

戦争とは、詭道つまり敵の意表をつくことをならいとする。だから、じゅうぶんの力があってもないようにみせかけ、兵を動かしていても動いていないようにみせかけ、近づいていても遠くにいるようにみせかけ、遠ざかっていても近くにいるようにみせかけるのである。利にさといものには誘いの手をのばし、混乱しているものは一気に奪い取り、充実しているものにはこちらも備え、強いものは避け、怒りたけっているものは攪乱し、謙虚なものは驕りたかぶらせ、安楽にしているものは疲労させ、団結しているものは分裂させる。手薄な備えを攻め、敵の不意を襲う。これが兵法家のいう勢であって、敵情に応じて変化するものであるから、戦争前からあらかじめこうだと伝えることのできないものである。

＊1　宋本には「勝」とある。武内義雄『孫子考文』にしたがって改めた。

五　夫れ未だ戦わずして廟算勝つ者は、算を得ること多ければなり。未だ戦わずして廟算勝たざる者は、算を得ること少なければなり。算多きは勝ち、算少なきは勝たず。而るを況んや算なきに於いておや。吾此れを以てこれを観るに、勝負見わる。

いったい、開戦の前の宗廟での作戦会議で、あらかじめ勝利の見こみがたつというのは、上のような五事七計で考えてみて、勝利の条件が多いからのことである。作戦会議で勝利の見こみがたたないのは、勝利の条件が少ないからのことである。勝利の条件が多ければ勝てるし、少なければ勝てない。勝利の条件が全くないというのでは、これは話にならない。わたしは、以上のような観点から、勝敗のゆくえをはっきり見抜くことができるのである。

〈廟算〉宗廟での作戦会議。『淮南子』の「廟戦」と同じ。その兵略篇に「凡そ兵を用うる者は必ず先ず廟戦す。…故に籌を廟堂の上に運らして勝を千里の外に決す」とある。この廟算をうけたものであろう。

※荻生徂徠は、「兵とは国の大事なり」という一句について、次のようにいう。孫子は戦上手であるから、戦争は容易なことのようにも思われようが、実はこの一句を、あえて開巻第一においていることを深く味わわねばならない、と。「百戦百勝は善の善なる者に非ざるなり」（謀攻篇）ということばとも思いあわせて、たんなる兵法家の域をこえた孫子の思想性をみるべきである。

第二　作戦篇

戦争の経済について、主として長期戦は避けねばならないことや、遠征の心得などを説く。篇名を「戦」とするものもある。

一　孫子曰わく、凡そ用兵の法は、馳車千駟、革車千乗、帯甲十万にて、千里に糧を饋るときは、則ち内外の費、賓客の用、膠漆の材、車甲の奉、日に千金を費やして、然る後に十万の師挙がる。

孫子はいう。およそ戦争の原則は、戦車千台、輜重車千台、武装の兵士が十万で、千里の外に出兵して食糧を輸送するという際には、内外の経費、賓客への進物の費用、膠や漆のはてから、戦車・甲冑の供給など、一日に千金を費やして、はじめて十万の軍を動かせるのである。

〈馳車千駟〉馳車は戦闘用の軽車。駟は四頭立ての車の単位。
〈革車千乗〉革車は輜重用の重車。輜重車千台のこと。

二　其の戦いを用なうや、久しければ*1則ち兵を鈍れさせ鋭を挫き、城を攻むれば則ち力屈く。久しく師を暴さば則ち国用足らず。夫れ兵を鈍れさせ鋭を挫き、力を屈くし貨を殫くすときは、則ち諸侯、其の弊に乗じて起こる。智者ありと雖も、其の後を善くすること能わず。故に兵には拙速を聞くも、未だ巧久*2を睹ざるなり。夫れ兵久しくして国利ある者は、未だこれ有らざるなり。故に尽く用兵の害を知らざる者は、則ち尽く用兵の利を知ること能わざるなり。

さて、戦争をはじめたなら、それが長びけば軍を疲弊させ、鋭気をも挫き、城攻めにでもなれば、戦力は尽きはててしまい、だからといって長期にわたる軍の露営は、国家の財政をはなはだしく損う。このように、軍は疲弊し、鋭気は挫かれ、戦力も消耗し、財政もゆきづまったとなると、他の諸侯は、その隙につけこんで兵を挙げるに違いない。そうなれば、たとえ味方に智謀の士がいようとも、うまくあと始末をつけることはできない。だから、戦争には「拙くとも早くきりあげる」ということはあるが、「巧くて長びく」という例はみたことがない。そもそも、戦争が長びいて国家に利益があったためしはないのである。だから戦争による損失を熟知しない者は、戦争のもたらす利益についても知悉することはできない。

＊1　宋本では「久」の上に「勝」の字があるが、『太平御覧』の引用にしたがって除いた。
＊2　宋本では「巧之久」とあるが、『北堂書鈔』の引用にしたがって「巧久」とした。

三　善く兵を用うる者は、役は再びは籍せず、糧は三たびは載せず。用を国に取り、糧を敵に因る。故に軍食足るべきなり。国の師に貧するは、遠師[＊1]にして遠く輸ればなり。遠師にして遠く輸れば則ち百姓貧し。近師[＊2]たるときは貴く売ればなり。貴く売れば則ち百姓は財竭く。財竭くれば則ち丘役に急にして、力は中原に屈き、用は家に虚しく、[*3]百姓の費は十に其の七を去る。公家の費は破車罷馬、甲冑弓矢、[*4]戟楯矛櫓、[*5]丘牛大車、十に其の六を去る。故に智将は務めて敵に食む。敵の一鍾を食むは、吾が二十鍾に当たり、𦮙秆一石は、吾が二十石に当たる。

戦争に巧みな人は、兵役を二度とかさねて課することはなく、食糧も三度とはかさねて補給することはない。当初の装備は自国にまかなわせるが、その後の食糧はすべて敵国のものに依存する。そうしてこそ、食糧は確保できるのである。国家が戦争のために窮乏するのは、遠征して遠くまで食糧を運ばなければならないからである。遠征して遠くまで食糧を運べば民衆は貧しくなる。また、近くでの戦争の場合には、物価が騰貴するからである。物価が騰貴すれば民衆の蓄えはなくなる。民衆の蓄えがなくなれば、村ごとにわりあてられる人夫の徴用にも苦しみ、外では軍隊が戦力を消耗しつくし、内では家々の財物も乏しく、こうして民衆の経費の十のうち七までが失われる。公家の財政も、戦車がこわれ、馬は疲れ、甲冑や弓矢、戟や楯や矛や櫓、運搬用の大牛や大車の入用で、十のうち六までが失われることになる。だから、智将はなるべく敵の食糧を奪取してまにあわせる。敵の一鍾を奪って食うのは味方の二十鍾分に相当し、敵の馬料の豆がらや藁一石は味方の二十石分に相当するのである。


〈役は再びは…〉いちど徴発した兵員で勝をおさめて、追加補充はしないという意味。

〈糧は三たびは…〉食糧は出陣のときと凱旋のときと、二回だけ自国から運ぶ。

〈二十鍾に当たる〉鍾は古い量の名、一鍾は中国の六斛四斗で、約百二十リットル。輸送のあいだの費用や減損を考えれば、二十倍の値うちがあるというのである。

〈一石〉百二十斤の重量、約三十キログラム。
＊1　すぐ下につづく「遠師」とともに、『通典』の引用にしたがって補う。
＊2　宋本では「近於師」と「近」の下に「於」の字があるが、ここでは諸本のないものによった。
＊3　宋本では「力屈き、財殫き、中原内は家に虚しく」とあるが、武内義

雄『孫子考文』によって改めた。
＊4　宋本は「矢弩」とある。桜田本や『太平御覧』の引用によって改めた。
＊5　宋本は「蔽櫓」とあるが、諸本にしたがう。

四　故に敵を殺す者は怒なり、敵の貨を取る者は利なり。[*1] 故に車戦に車十乗已上を得れば、其の先ず得たる者を賞し、而して其の旌旗を更め、車は雑えてこれに乗らしめ、卒は善くしてこれを養わしむ。是れを敵に勝ちて強を益すと謂う。

そこで、戦士に敵兵を殺させるものは、軍中にみなぎる殺気であるが、敵の物資を奪い取らせるものは、その褒賞である。だから、車戦で戦車十台以上を捕獲した場合には、その最初に捕獲した者に褒賞を与え、その戦車は旗じるしをとりかえたうえで味方にくみ入れて乗用させ、捕虜の兵卒は優遇して手厚く保護させる。これこそ敵に勝っていよいよ強さを増す方法というものである。

＊1　宋本には「取敵之利者貨也」とあるが、文意からして「利」と「貨」とは誤倒であろうとする金谷治の説にしたがって改めた。

五　故に兵は勝つことを貴ぶも、久しきを貴ばず。故に兵を知るの将は、民[＊1]の司命、国家安危の主なり。

そこで、戦争は勝利を至上とするものではあるが、長期戦によるのはよくない。だから、戦争の本質をわきまえた将軍は、人民の生死の鍵を握り、国家の存亡を決する者なのである。

＊1　「民」の上に「生」が宋本にはある。孫星衍の岱南閣本『十家注孫子』の校訂にしたがって除いた。

※この篇は戦費の支出の厖大さを考慮して利害を計算し、決して長期戦にもち込んではならないことをいう。戦争が厖大な出費を伴い、ひいてはそれが経済の

破綻をもたらすことは、漢の武帝の対匈奴戦をみても明白である。武帝は世にいう文景の治をへてあり余る財力を背景にして匈奴戦に踏み切るが、蓄積はまたたくまに消尽し、ついには生活必需品である塩や鉄を専売制にして、そこから戦費を捻出せねばならなかった。二章の「用兵の害」を知らないものは、「用兵の利」をも知らぬものであるとは、まさに至言であろう。

第三　謀攻篇

自国の保全を大前提として、そこから戦わずして勝つ方法、すなわち謀で攻むべきことについて説く。篇名を「攻」とするものもある。

一　孫子曰わく、凡そ用兵の法は、国を全うするを上と為し、国を破るはこれに次ぐ。軍を全うするを上と為し、軍を破るはこれに次ぐ。旅を全うするを上と為し、旅を破るはこれに次ぐ。卒を全うするを上と為し、卒を破るはこれに次ぐ。伍を全うするを上と為し、伍を破るはこれに次ぐ。是の故に百戦百勝は善の善なる者に非ざるなり。戦わずして人の兵を屈するは善の善なる者なり。

孫子はいう。およそ戦争の原則は、自国を損傷しないことこそ上策で、損傷するものはそれに劣る。軍団を無傷に保つことこそ上策で、傷つけるものはそれに劣る。旅団を無傷に保つことこそ上策で、傷つけるものはそれに劣る。大隊を無傷に保つことこそ上策で、傷つけるものはそれに劣る。小隊を無傷に保つことこそ上策で、傷つけるものはそれに劣る。こういうわけで、百たび戦闘して百たび勝つというのは、最高にすぐれたことではない。戦わないで敵兵を屈服させることこそ、最高にすぐれたことなのである。

〈軍・旅・卒・伍〉軍は一万二千五百人、旅は五百人、卒は五百人から百人、伍は百人から五人までという軍隊の編成。

二　故に上兵は謀を伐ち、其の次は交を伐ち、其の次は兵を伐ち、其の下は城を攻む。攻城の法は已むを得ざると為す。櫓・轒轀を修め、器械を具うること、三月にして後成る。距闉また三月にして後已わる。将、其の忿りに勝えずしてこれに蟻附せしめ、士を殺すこと三分の一にして而も城の抜けざるは、此れ攻の災いなり。故に善く兵を用うる者は、人の兵を屈するも而も戦うに非ざるなり。人の城を抜くも而も攻むるに非ざるなり。人の国を毀るも而も久しきに非ざるなり。必ず全きを以て天下に争う。故に兵頓れずして利全くすべし。此れ謀攻の法なり。

そこで、最上の戦争は、敵の策謀をうち破ること、その次は敵と他国との同盟を阻止すること、その次が実戦に及ぶことで、最も拙劣なのが城攻めである。城攻めという方法は、やむを得ないときに限る。櫓や城攻めの装甲車を作り、またその他の攻め道具を準備するのは、三ヵ月もかかってはじめてでき、城攻めのための土塁の仕上がりはさらに三ヵ月かかって終わる。将軍がじりじりして怒りを押えきれずに総攻撃をかけ、兵士を城壁に蟻のようによじのぼらせて、全軍の三分の一も失いながら、なお城が落ちないというのは、これこそ力で攻めたてることの弊害である。だから戦いに巧みな者は、他国の兵を屈服させても、それと戦闘をしてのうえではなく、他国の城を陥しても、それを攻めたててのうえではなく、他国を亡ぼしても、長期戦によってそうするのではない。常に自国を完全な状態に保持しておいて、天下に覇権を争うわけで、したがって軍隊を疲弊させることもなく、まるまる利益を受けとることができるのである。これが謀(はかりごと)で攻めることの原則である。

〈轒轀〉敵の射かける矢や石をさけて兵士を城壁の下までおくるための城攻めの車。

〈蟻附〉蟻のように、たくさんとりつくさま。

三 故に用兵の法は、十なれば則(すなわ)ちこれを囲み、五なれば則ちこれを攻め、倍なれば則ちこれを分かち、敵すれば則能(すなわ)*1ちこれと戦い、少なければ則能ちこれを逃(のが)れ、若(し)かざれば則能ちこれを避く。故に小敵の堅(けん)は大敵の擒(きん)なり。

そこで戦争の原則は、わが軍が敵の十倍であれば包囲し、五倍であれば攻撃し、二倍であれば敵を分断して攻め、ひとしければ戦い、少なければ軍を引き、全くかなわなければ隠れる。だから、小勢なのに強気(つよき)なものは、大部隊のとりこになるばかりである。

＊1 「則能」ですなわちと読む。王引之(おういんし)『経伝釈詞(けいでんしゃくし)』に、この「能」は「乃」の意であるというのによった。

四　夫(そ)れ将は国の輔(ほ)なり。輔、周(しゅう)なれば則ち国必ず強く、輔、隙(げき)あれば則ち国必ず弱し。故に君の軍に患(うれ)うる所以(ゆえん)の者には三あり。軍の進むべからざるを知らずして、これに進めと謂(い)い、軍の退くべからざるを知らずして、これに退けと謂う。是(こ)れを軍を縻(び)すと謂う。三軍の事を知らずして三軍の政を同じうすれば、則ち軍士惑(まど)う。三軍の権を知らずして三軍の任を同じうすれば、則ち軍士疑う。三軍既(すで)に惑い且つ疑うときは、則ち諸侯の難至る。是れを軍を乱(みだ)して勝を引くと謂う。

そもそも、将軍とは国家の補佐である。補佐が君主と親密であればその国はきまって強いが、補佐が君主とおりあいが悪ければ、その国はきまって弱い。そこで、君主が軍事について配慮すべきことに次の三つがある。一つには、軍を進めてはならぬことをわきまえずに進めと命じ、軍を退けてはならぬことをわきまえずに退けと命ずることで、こういうのを軍を繋ぎ縛るという。二つには、軍の実情をよく知りもしないのに、将軍の軍事行政にくちばしをさしはさむことで、これでは兵士たちはとまどうことになる。三つには、軍の臨機応変の処置もわきまえないのに、軍の指揮をすることで、これでは兵士たちは疑念をいだくことになる。軍がとまどって疑念をいだくようになれば、その隙につけこんで他の諸侯が攻めこんでくる。こういうのを、軍を乱して自ら勝利を放棄するというのである。

〈三軍〉周の制度では、天子は六軍、大諸侯は三軍を所有する。一軍は一万二千五百人、三軍は三万七千五百人の兵。転じて大軍の意味にも用いられる。
〈勝を引く〉「引く」は、退ける、すて去るの意味。

五　故に勝を知るに五あり。戦うべきと戦うべからざるとを知る者は勝つ。衆寡の用を識る者は勝つ。上下の欲を同じうする者は勝つ。虞を以て不虞を待つ者は勝つ。将、能にして君の御せざる者は勝つ。此の五者は勝を知るの道なり。故に曰わく、彼を知り己れを知れば、百戦して殆うからず。彼を知らずして己れを知れば、一勝一負す。彼を知らず己れを知らざれば、戦う毎に必ず殆うし、と。

そこで、勝利を見ぬくためには五つの方法がある。戦うべきときと、戦ってはならないときとをわきまえていれば勝つ。大軍と小勢とのそれぞれの用兵をわきまえていれば勝つ。上下の人々の心がぴったり合っていれば勝つ。よく準備を整えたうえで油断している敵に当たれば勝つ。将軍が有能で、君主も干渉することがなければ勝つ。これら五つのことは、勝利を見ぬくための方法である。そこで「敵情をよくわきまえ、味方のこともよくわきまえておれば、なんど戦っても危険がない。敵情をわきまえず、味方のことのみわきまえているのでは、勝ったり負けたりする。敵情もわきまえず、味方のこともわきまえていないのでは、戦うたびにきまって危険だ」といわれるのである。

〈虞〉度（はか）ること。計謀の行きとどくこと。すなわち準備のじゅうぶんととのった軍隊。

※前の章では負ける要因をいい、この章では逆に勝つ要因を述べる。「彼を知り己れを知れば、百戦して殆（あや）うからず」は、たいへん有名なことばである。「故に曰わく」として引かれているのをみると、もともと古語でもあろうかと思われるが、たしかな真実をいい当てたことばである。なお、『孫子』の文章は、おおむねきわめて短い。したがって、その意味内容も字面（じづら）の論理を追っていただけではなかなかわかりにくい。具体的な状況を設定して論理とあわせる方法で考えを進めないと、的確な理解は得られない。この点、特殊な文体を持つものだといえる。しかし、その特殊さも、さらにおしつめて考えれば、戦争という異常な事態を前提とするこの書物の特殊性に起因するのであろう。いずれにせよ、往時の将軍たちは、この短文を暗記していて、作戦を練ったことであろう。

第四　形篇

軍の態勢について、みずからは不敗の立場にたって敵の破綻をつきそれに乗ずべきことを説く。篇名を「軍形」とするものもある。

一　孫子曰わく、昔の善く戦う者は、先ず勝つべからざるを為して、以て敵の勝つべきを待つ。勝つべからざるは己れに在るも、勝つべきは敵に在り。故に善く戦う者は、能く勝つべからざるを為すも、敵をして必ず勝つべからしむること能わず。故に曰わく、勝は知るべし、而して為すべからず、と。勝つべからざる者は守なり。勝つべき者は攻なり。守は則ち足らざればなり、攻は則ち余りあればなり。善く守る者は九地の下に蔵れ、善く攻むる者は九天の上に動く。故に能く自ら保ちて勝を全うするなり。

孫子はいう。むかしの戦上手は、まずだれもうち勝つことのできない態勢をととのえたうえで、敵がだれでもうち勝てるような態勢になるのを待った。だれもうち勝つことのできない態勢をつくるのは、味方の側のことであるが、だれでもうち勝てる態勢になるのは、敵側のことである。だから、戦いに巧みな人でも、味方を固めて、だれもうち勝つことのできない態勢をとることはできるが、敵側に、だれでもうち勝てる態勢をとらせることはできない。そこで、「勝利はわかっていても、勝機を無理につくりだすことはできない」といわれるのである。だれもうち勝てない態勢とは、守備にかかわることである。だれでも打ち勝てる態勢とは、攻撃にかかわることである。守備につくのは戦力が足りないからで、攻撃するのは余裕があるからである。守備にすぐれた人は、地底の奥深くにひそみ隠れ、攻撃にすぐれた人は、天上のきわみでたちはたらく。だからこそ、味方を安全に保ちながら、しかも完全な勝利へと導くのである。

〈九地・九天〉九は窮極をあらわす数。地のきわめて深いところと天のもっとも高いところというほどの意味で、対(つい)のことばとなっている。

二　勝を見ること衆人の知る所に過ぎざるは、善の善なる者に非ざるなり。戦いに勝ちて天下善なりと曰うは、善の善なる者に非ざるなり。故に秋毫を挙ぐるを多力と為さず。日月を見るを明目と為さず。雷霆を聞くを聡耳と為さず。古の所謂善く戦う者は、勝ち易きに勝つ者なり。故に善く戦う者の勝つや、智名もなく、勇功もなし。故に其の戦い勝ちて忒わず。忒わざる者は、其の勝を措く所、已に敗るる者に勝てばなり。故に善く戦う者は不敗の地に立ち、而して敵の敗を失わざるなり。是の故に勝兵は先ず勝ちて而る後に戦いを求め、敗兵は先ず戦いて而る後に勝を求む。

勝利を見ぬくのに、それが一般の人々にも見分けられる程度のものなら、それは最高にすぐれたものではない。戦いにうち勝って、天下の人々がりっぱだとほめるのでは、それは最高にすぐれたものではない。だから、人々は細い毛を持ちあげたからとて力持ちとはいわず、太陽や月が見えたからとて目利きとはいわず、雷鳴のとどろきが聞こえたからとて耳がさといとはいわない。むかしの戦（いくさ）上手といわれている人は、勝ちやすい態勢で勝った人である。したがって、戦上手が勝った場合には、知恵者としてもてはやされず、勇者のいさおしも口にされることはない。だから、彼が戦えば必ず勝つにきまっているのである。勝つにきまっているというのは、彼が勝利のための手はずをととのえたとき、すでに破綻（はたん）を示して敗れている敵に勝っているからなのである。それゆえ、戦いに巧みな人は、絶対不敗の態勢にたって、敵の敗れる機会をのがさずとらえるのである。だから勝利の軍は、戦う前に、まず勝利を得て、それから戦うのであるが、敗軍はまず戦ってみて、そのあとで勝利を見いだそうとするのである。

〈秋毫〉毫は毛のさき。秋になって獣の毛が抜けかわり、新たに生じた毛のさきは、目に見えないくらいに細いものであることから、もののごく微細なことにたとえる。

〈明目〉ものごとの微細な点まではっきりと見通すことができること、いわゆる目利（き）き。

〈雷霆〉はげしいかみなりのとどろき。

〈多力…明目…聡耳と為さず〉これらの比喩は、この章の前半をいっそう強調するものともみられるが、むしろ世人にとってはあたりまえにすぎてもてはやされない勝利こそが、真の勝利であるという後半をおこすためのものとみるのがよい。荻生徂徠の『孫子国字解』の説である。

＊1　宋本には「勝」の上に「必」の字があるが、孫星衍の平津館本『魏武注孫子』によって除いた。

三　善く兵を用うる者は、道を修めて法を保つ。故に善く勝敗の政を為す。

戦さの巧みな人は、人心把握の道理をわきまえ、軍制をよく守る。だから、勝敗を自由に決することができるのである。

〈道〉計篇第一章にある「五事」の第一。同じ第二章に「道とは民をして上と意を同じうし、これと死すべく、これと生くべくして、危わざらしむるなり」とある。

〈法〉計篇第一章にある「五事」の第五の軍制のこと。その第二章に「法とは曲制・官道・主用なり」とある。

四　兵法は、一に曰わく度、二に曰わく量、三に曰わく数、四に曰わく称、五に曰わく勝。地は度を生じ、度は量を生じ、量は数を生じ、数は称を生じ、称は勝を生ず。故に勝兵は鎰を以て銖を称るが若く、敗兵は銖を以て鎰を称るが若し。

兵法では、第一にものさしで度り、第二にますめで量り、第三に数ではかり、第四に比べて称り、第五に勝敗を考える。まず戦場の土地の広さを考える度という問題がおこり、度の結果から双方の物資の多寡をはかる量という問題がおこり、量の結果から双方の動員できる士卒をかぞえる数という問題がおこり、数の結果から双方の強弱を比べはかる称という問題がおこり、そして称の結果から勝敗を考える勝という問題がおこる。勝利の軍は、まず勝算を得ているから、重い鎰のおもりで軽い銖を比べはかるように優勢であるが、敗軍は軽い銖のおもりで重い鎰を比べはかるように劣勢である。

〈鎰・銖〉重さの単位。一鎰は二十両、一銖は一両の二十四分の一。つまり鎰は銖の約五百倍。

五　勝者の民を戦わしむるや、積水を千仞の谿に決するが若きは、形なり。

勝利者が人民を戦わせるありさまは、ちょうど満々とたたえた水を千仞の谷底へせきをきって落とすようなもので、そうしたはげしい勢いを得ようというのが形、つまり態勢の問題である。

〈仞〉深さをはかる単位。周尺の八尺、一説に七尺または四尺とする。現在の約一・六メートル。

※「善く戦う者は勝ち易きに勝つ」もので、人々がりっぱな戦いだと誉めるようなものはすぐれた戦いではないというのが孫子の戦争哲学であるが、この考えは一面で老子に親近なものを思わせる。老子にいう。「天下を取るは常に無事を以てす。その有事に及びては、以て天下を取るに足らず」（第四十八章）。それは「難きをその易きに図り、大をその細に為す」（第六十三章）。日ごろの用意が積まれてそうなるからである。もともと「兵は不祥の器」（第三十一章）という老子と戦略戦術を練ることに終始した孫子とでは、思考や論証の経緯を全く異にするものであるが、現実を凝視しつづけてそのうえでえられた結論は意外に近いものである。

第五　勢篇

奇法・正法の用い方、またそこからかもし出される勢いの問題について説く。篇名を「兵勢」とするものもある。

一　孫子曰わく、凡そ衆を治むること寡を治むるが如くなるは、分数是れなり。衆を闘わしむること寡を闘わしむるが如くなるは、形名是れなり。三軍の衆、必ず敵に受えて敗なからしむべき者は、奇正是れなり。兵の加うる所、碬*1を以て卵に投ずるが如くなる者は、虚実是れなり。

孫子はいう。いったい、大勢の兵士を統率していても、小人数の兵士を率いているように整然といくのは、軍隊の編成がそうさせるのである。大勢の兵士を戦闘させていても、小人数の兵士を戦闘させているように整然といくのは、旗指しものや鳴りものの指令の設備がそうさせるのである。味方の全軍の兵士が、敵の出かたにうまく対応して決して敗(ま)けないようにさせることができるのは、奇法と正法の使いわけがそうさせるのである。軍隊を送りこむと、いつでもまるで石を卵にぶつけるように敵をうちひしぐことができるのは、虚実すなわち脆弱(ぜいじゃく)なものと充実堅固なものとの間の道理(ことわり)がそうさせるのである。

〈分数〉軍隊の部わけとその人数。軍隊編成のさだめをいう。

〈形名〉目に見える旗・幟(のぼり)と耳に聞こえる鐘や太鼓で、ともに戦場で指令のために用いる。

〈奇正〉奇は情況に応じた適宜の変法で、動的な攻勢をいい、勝利を決める態勢。正は正統的(オーソドックス)な戦法で、いずれかというと静的で守勢、不敗の立場をとるものである。

〈虚実〉虚は空のことで、備えを欠き乗ずべきすきのあることをいい、実はこれの反対。次の虚実篇で詳しく述べられている。

＊1　宋本には「碬(か)」とあるが、孫星衍の校訂によって改めた。

二　凡(およ)そ戦いは、正を以て合い、奇を以て勝つ。故に善(よ)く奇を出(い)だす者は、窮まりなきこと天地の如く、竭きざること江河の如し。終わりて復始まるは、四時*1是れなり。死して復生ずるは、日月是れなり。声は五に過ぎざるも、五声の変は勝げて聴くべからざるなり。色は五に過ぎざるも、五色の変は勝げて観るべからざるなり。味は五に過ぎざるも、五味の変は勝げて嘗むべからざるなり。戦勢は奇正に過ぎざるも、奇正の変は勝げて窮むべからざるなり。奇正の相生ずることは、循環の端なきが如し。孰か能くこれを窮めんや。

すべて戦争というものは、正法をもちいて敵を受けとめ、奇法でうち勝つものである。だから、巧みに奇法を扱う者にかかると、その軍隊の変幻ぶりは天地の動きのようにきわまることがなく、揚子江や黄河のように尽きることがない。終わってはまた始まる四季さながら、沈んではまた昇る日月さながらである。音には宮・商・角・徴・羽の五つの音階しかないが、それらの組み合わせの変化は聞き尽くせないほどに多様である。色の原色には青・黄・赤・白・黒の五つしかないが、それらの組み合わせの変化は見尽くせないほどに多様である。味には酸（すっぱい）・辛（からい）・鹹（しおからい）・甘（あまい）・苦（にがい）の五つの基本になるものしかないが、それらの組み合わせの変化は味わい尽くせないほどに多様である。戦闘の形態も、奇法と正法との二つの型しかないが、その組み合わせの変化はとてもきわめ尽くせるものではない。奇法と正法とが互いに生まれかわり合うそのありさまは、丸い輪の上をどこまでもたどるように、とめどのないものである。いったいだれがそれをきわめ尽くせよう。

＊1　宋本では「四時」と「日月」が入れ替わっているが、『孫子考文』の説にしたがって改めた。

三　激水（げきすい）の疾（はや）くして、石を漂（ただよ）わすに至る者は勢（せい）なり。鷙鳥（しちょう）の撃（う）＊1ちて毀折（きせつ）に至る者は節（ま）なり。是（こ）の故に善く戦う者は、其の勢は険にしてその節は短なり。勢は弩（ど）を彍（ひ）くが如く、節は機（き）を発するが如し。

いったんさえぎられた水が、はげしい流れとなって、石をも浮かべておし流すのは、勢いというものである。猛禽が獲物を一撃でうちくだいてしまうのは、節（ま）というものである。こうして、戦いに巧みな人は、その勢いは緊迫し、その節は瞬時をとらえる。勢いは石ゆみをひきしぼるときのようにし、節はひきがねをひくときのようにその瞬間をとらえるのである。


〈激水〉水の流れをさえぎってためこみ、その勢いをはげしくすること。また、その勢いづいた水。

〈鷙鳥〉鷲（わし）や鷹（たか）などのように肉食する猛禽の総称。

〈節〉機会をはずさず、うまく間（ま）をとることをいう。

〈機〉石ゆみのひきがね。
＊1　宋本には「疾」とあるが『太平御覧』にしたがった孫星衍の説によった。

四

紛紛紜紜（ふんぷんうんうん）、闘乱して乱るべからず、渾渾沌沌（こんこんとんとん）、形円（まる）くして敗るべからず。＊1

＊1　この章は『通典』『太平御覧』の引用にしたがい、軍争篇第四章に移し

て読んだ。そのほうがおそらく古い形であろうし、また意味がよく通るからである。

五 乱は治より生じ、怯(きょう)は勇より生じ、弱は強より生ず。治乱は数なり。勇怯は勢なり。強弱は形なり。

混乱はきちんと治まったなかから生まれ、臆病は勇敢から生まれ、軟弱は剛強から生まれる。治まるか乱れるかは、部隊の編成によって決まる。臆病になるか勇敢になるかは、戦いの勢いによって決まる。弱くなるか強くなるかは、軍の態勢によって決まる。

六 故に善く敵を動かす者は、これに形すれば敵必ずこれに従い、これに予(あた)うれば敵必ずこれを取る。利を以てこれを動かし、詐(さ)*1を以てこれを待つ。

そこで、巧みに敵を誘導する者がある形の行動をとると、敵はきまってこれに対応して行動し、敵に好餌を与えると、敵はきまって取りにくる。つまり、利益を設けて誘い出し、その裏をかいて待ちうけるのである。

＊1　宋本には「卒」とある。「詐」の誤りであろうとする兪樾の説にしたがって改めた。

七　故に善く戦う者は、これを勢に求めて人に責めず。故に能く人を択びて、而して勢に任ず。勢に任ずる者は、其の人を戦わしむるや木石を転ずるが如し。木石の性は、安ければ則ち静かに、危うければ則ち動き、方なれば則ち止まり、円なれば則ち行く。故に善く人を戦わしむるの勢い、円石を千仞の山に転ずるが如くなる者は、勢なり。

そこで、戦いに巧みな人は、戦いの勢いから勝利を得ようとするが、人の能力には期待しない。だから、うまく人を選抜して配置しおえてからは、ただ勢いのままにまかせるのである。勢いのままにまかせる人が、兵士を戦わせるありさまは、木や石をころがすようなものである。木や石の性質は、その場が安定していれば静止し、不安定であれば動揺し、四角ならとまり、丸ければころがる。そこで、巧みに兵士を戦わせるその勢いが、さながら丸い石を千仞の山からころげおとすようであるもの、それが戦いの勢いというものである。

※「勢」ということについては、『韓非子』難勢篇にくわしい。そこでは慎到の「勢」説を批判しながら内容をいっそう深めて「自然の態勢」よりは人間の作りあげた「権勢」こそ必要だと説く。もちろん、孫子と韓非とでは、そのよって立つ基盤が異なるのであるが、「善く戦う者は、これを勢に求めて人に責めず」とあるのなどは、『韓非子』の中にあっても少しもおかしくないものである。そして、自然の勢いよりは人工的に作りだされた勢いをより尊重するという点でも、両者はまた一致する。

第六　虚実篇

虚は空虚、実は充実の意。実をもって虚を伐つべきこと、また実戦の場における虚実の型、敵を虚にさそう方法などについて説く。

一　孫子曰わく、凡そ先に戦地に処りて敵を待つ者は佚し、後れて戦地に処りて戦いに趨く者は労す。故に善く戦う者は、人を致して人に致されず。能く敵人をして自ら至らしむる者はこれを利すればなり。能く敵人をして至るを得ざらしむる者はこれを害すればなり。故に敵、佚すれば能くこれを労し、飽けば能くこれを饑えしめ、安んずれば能くこれを動かす。

孫子はいう。およそさきに戦場にいて敵を待ちうける軍隊は、ゆとりのあるものだが、後から戦場について戦闘に入る軍隊は骨が折れる。それゆえ、戦いに巧みな人は、相手を思いのままにあやつりこそすれ、相手の意のままにされることはない。相手が自分から出向いてくるようにさせることができるのは、利益で釣るからである。来られないようにさせることができるのは、損傷を与えるからである。だから、敵がゆったりしているときには疲労させることができ、食い足りていれば飢えさせることができ、どっしり構えていれば移動させることもできるのである。

二　其の必ず趨く所に出で、[*1]其の意わざる所に趨き、千里を行きて労れざる者は、無人の地を行けばなり。攻めて必ず取る者は、其の守らざる所を攻むればなり。守りて必ず固き者は、其の攻めざる所を守ればなり。故に善く攻むる者には、敵、其の守る所を知らず。善く守る者には、敵、其の攻むる所を知らず。微なるかな微なるかな、無形に至る。神なるかな神なるかな、無声に至る。故に能く敵の司命と為る。

敵がきっとはせつけて来るようなところに出撃し、敵の思いもよらないところへ急進し、そのうえ、千里もの遠い道のりを行軍して疲労しないというのは、敵のいないところを行くからである。攻撃すれば必ず奪取できるというのは、敵の備えのないところを攻撃するからである。守備につけば必ず堅固であるというのは、敵の攻撃しないところを守るからである。そこで、攻撃の巧みな者にかかると、敵はどこを守ったらよいのかわからず、守備に巧みな者にかかると、敵はどこを攻めたらよいのかわからない。この微妙にして微妙なるもの、ゆきつくところは無形。この神秘にして神秘なるもの、ゆきつくところは無音。こうしてこそ、敵の運命を左右できる者となれるのである。

＊1　宋本では「出其所不趨」とあり「其の趨(おもむ)かざる所に出で」と読むが、『太平御覧』により「不」を「必」と改めた。臨沂漢墓出土残簡も「出于所必」に作る。

三　進みて禦(ふせ)ぐべからざる者は、其の虚を衝(つ)けばなり。退きて追うべからざる者は速(すみや)かにして及ぶべからざればなり。故に我、戦わんと欲(ほっ)すれば、敵、塁(るい)を高くし溝(みぞ)を深くすと雖(いえど)も、我と戦わざるを得ざる者は、其の必ず救う所を攻むればなり。我、戦いを欲せざれば、地を画（かく）してこれを守ると雖も、敵、我と戦うことを得ざる者は、其の之（ゆ）く所を乖（たが）うればなり。

進撃した場合に、敵が防禦しきれないのは、敵の虚をつくからである。後退した場合に、敵が追い討ちをかけられないのは、すばやくて追いつけないからである。そこで、味方が戦おうと思うときには、どれほど敵が土塁を高くし堀（ほり）を深くして備えようとも、結局はわが軍と交戦しなければならなくなるのは、敵が必ず救援に出てくるところを、こちらで攻撃するからである。こちらが戦うまいと思うときには、平地に区切りを画（えが）いて守るだけで、敵がこちらと交戦することができないのは、敵の進路をはぐらかしてしまうからである。

〈其の之く所を乖う〉偽兵などを用いて、疑念をいだかせ、こちらに攻めてくる敵の向かうところを誤らせる。

四　故に人に形（かたち）せしめて我に形なければ、則（すなわ）ち我は専（あつ）まりて敵は分かる。我は専まりて一と為り、敵は分かれて十と為らば、是れ十を以て其の一を攻むるなり。則ち我は衆にして敵は寡なり。能く衆を以て寡を撃たば、則ち吾が与に戦う所の者は約なるなり。吾が与に戦う所の地は知るべからず、吾が与に戦う所の日は知るべからざれば、則ち敵の備うる所の者多し。敵の備うる所の者多ければ、則ち吾が与に戦う所の者は寡なし。故に前に備うれば則ち後寡なく、後に備うれば則ち前寡なく、左に備うれば則ち右に寡なく、右に備うれば則ち左に寡なく、備えざる所なければ則ち寡なからざる所なし。寡なき者は人に備うる者なればなり。衆き者は、人をして己れに備えしむる者なればなり。故に戦いの地を知り、戦いの日を知らば、則ち千里にして会戦すべし。戦いの地を知らず、戦いの日を知らざれば、則ち左は右を救うこと能わず、右は左を救うこと能わず、前は後を救うこと能わず、後は前を救うこと能わず。而るを況んや遠き者は数十里、近き者は数里なるをや。吾を以てこれを度るに、越人の兵は多しと雖も、亦奚ぞ勝に益せんや。敵は衆しと雖も、闘うことなからしむべし。

そこで、敵にははっきりした態勢をとらせ、味方は態勢をあらわさなければ、味方は情況に応じて集中することができるが、敵は目標のないままに分散する。味方は集結して一体となり、敵は分散して十に分かれることになれば、十のもので一のものを攻める割合になる。つまり味方は大勢で、敵は小勢である。こうして大勢で小勢を攻撃することができるのは、当面する敵がすでに戦力を殺がれているからのことである。味方が戦おうとする場所は、敵にはわからず、戦おうとする時期も敵にはわからないようにすると、敵は防備すべき方面が多くなる。防備すべき方面が多くなれば、味方が当面戦う相手は小勢になる。だから、前方に備えれば後方が小勢になり、後方に備えれば前方が小勢になり、左方に備えれば右方が小勢になり、右方に備えれば左方が小勢になり、全面にわたって備えればそのすべての方面が小勢になってしまう。小勢になるのは、相手に備える立場だからであり、大勢でありうるのは、相手に備えさせる立場だからである。そこで戦うべき場所を見定め、戦うべき期日もはっきり見通しがたったなら、千里さきの遠い土地に軍を進めてでも会戦するのがよい。戦うべき場所も見定めず、戦うべき期日の見通しもたたないようでは、会戦しても、左方は右方を救うことができず、右方は左方を救うことができず、前方は後方を救うことができず、後方は前方を救うことのできない羽目にもおちいってしまうだろう。それではまして、遠いところで数十里、近いところで数里さきの友軍を救えないのは、当然のことである。わたしの考えでは、越の国の兵士がどれほど多くても、勝利の足しにはならない。たとえ敵がいかに多かろうとも、じゅうぶんに力をだしては戦えないようにさせることができるからである。


〈形せしめ〉形は軍の態勢。相手にはっきりとした態勢をとらせること。

〈約〉「能く衆を以て…」を仮定とみて「大勢で小勢を攻撃することになれば」ととるのがふつうであるが、そうすると「約」の解釈が落ち着かない。そこでこの部分を結果とみて、「則ち吾が与に…」をその理由として、「約」を「はぶく、そぐ」の意にとるのがよいようである。

〈越人〉越は春秋時代の国の名で、ほぼ現在の浙江省にあたる地方。隣国の呉とはげしい興亡戦をくりかえした。
＊1　諸本に「吾が与に戦う所の日」が欠けているが、「吾が」は、補うべきだとする金谷治の説に、「与に戦う所の日」は、下文に「戦いの地を知り、

戦いの日を知らば」とあることからここに入るべきだとする『孫子考文』の説にしたがい、それぞれ補うことにした。

五　故にこれを策りて得失の計を知り、これを作こして動静の理を知り、これを形わして死生の地を知り、これに角れて有余不足の処を知る。

そこで、開戦の前に敵情を目算して、損得の見つもりをたてておき、敵軍を行動させてみてその動向を見きわめ、敵の態勢をはっきりさせて、その撃破できるところと、できないところとを見ぬき、敵と小ぜりあいをしてみて、その戦力の充実したところと手薄なところとを察知する。

〈策る〉策は算で、目算すること。

〈角れる〉角は触で、小ぜりあいによってそのようすをさぐってみること。

六　故に兵を形わすの極は、無形に至る。無形なれば、則ち深間も窺うこと能わず、智者も謀ること能わず。形に因りて勝を錯*1くも、衆は知ること能わず。人みな我が勝の形*2を知るも、吾が勝を制する所以の形を知ることなし。故に其の戦い勝つや復さずして、形に無窮に応ず。

それゆえ、軍の態勢として最もよいものは、無形にゆきつくことである。無形であれば、深くはいりこんだ間諜もうかがいみることができず、知恵すぐれた者もはかり知ることはできない。敵軍の態勢に乗じて勝利を収めるのであるが、一般の人々にはそれはわからない。人々は、勝ち戦さが決まったときの態勢こそわかるが、味方が勝利を決定づけた本当の理由はわからない。それゆえ、戦いの勝ち方には、二度のくりかえしはなく、相手の態勢に応じて無限に変化するのである。

＊1　宋本では「錯勝於衆」とある。『孫子考文』が下の「衆」字が誤り重なったものとして「於衆」の二字を除くのにしたがった。

＊2　宋本では「我が勝つ所以の形」につくる。『孫子考文』は篠崎司直『孫

子発微』にしたがって「所以」を除いているが、これによった。

七　夫れ兵の形は水に象どる。水の行るは高きを避けて下きに趨く。兵の形は実を避けて虚を撃つ。水は地に因りて流れを制し、兵は敵に因りて勝を制す。故に兵に常勢なく、水に常形なし。能く敵に因りて変化して勝を取る者、これを神と謂う。故に五行に常勝なく、四時に常位なく、日に短長あり、月に死生あり。*1

そもそも軍の態勢は水のありかたに似ている。水の流れは高いところを避けて低いところへ走る。軍の態勢も兵員装備の充実した敵を避けて、虚のある敵を撃つ。水は地形によって流れを決めるが、軍は敵情によって勝を決める。だから、軍には一定した勢いというものはなく、水には一定した形というものはない。巧みに敵情に応じて変化し、勝利を収めることのできるもの、これが神妙というものである。それゆえ、木・火・土・金・水の五行には勝ちつづけるものはなく、春・夏・秋・冬の四季にはいつまでも居すわるものはなく、日の長さには長短があり、月には満ちかけがあるというわけである。

〈五行〉万物を生ずる木・火・土・金・水の五元素。戦国時代、斉（せい）の騶衍（すうえん）は世界のすべての現象をこの五つの元素の交替によって説明づけた。その交替の原理は、水は火に勝ち、火は金に勝ち、金は木に勝ち、木は土に勝ち、土は水に勝つというもので、これを五行相勝説という。

＊1「故に五行に常勝なく…」以下の四句につき『孫子考文』は、『北堂書鈔』の引用にもとづいて、古注の混入であろうとしている。

※この篇に対する評価はきわめて高い。たとえば唐の太宗（たいそう）は、「朕（われ）、もろもろの兵書を観（み）るに『孫子』より出（まさ）るものなく、『孫子』十三篇にては『虚実』に出るものなし」という。『孫子』の精華はまさにこの一篇にあるというのである。たしかに戦争の主導権をにぎって機先を制し、敵も味方もこちらの胸三寸で自由にあやつることができたなら、兵法の極意もまさにきわまったといえるであろう。

第七　軍争篇

軍争とは、陣をしいて相対峙する前に、機先を制して、局面を有利に導こうとする争いのことである。その方法と困難さについて説く。篇名を「争」とするものもある。

一　孫子曰わく、凡そ用兵の法は、将、命を君より受け、軍を合し衆を聚め、和を交えて舎まるに、軍争より難きはなし。軍争の難きは、迂を以て直と為し、患を以て利と為す。故に其の途を迂にしてこれを誘うに利を以てし、人に後れて発して人に先んじて至る。此れ迂直の計を知る者なり。故に軍争は利たり、軍争は危たり。軍を挙げて利を争えば則ち及ばず、軍を委てて利を争えば則ち輜重捐てらる。是の故に軍に輜重なければ則ち亡び、糧食なければ則ち亡び、委積なければ則ち亡ぶ。[*1]是の故に、甲を巻きて趨り、日夜処らず、道を倍して兼行し、百里にして利を争えば、則ち三将軍を擒にせらる。勁き者は先だち、疲るる者は後れ、其の率、十にして一至る。五十里にして利を争えば、則ち上将軍を蹶す。其の率、半ば至る。三十里にして利を争えば、則ち三分の二至る。是れを以て軍争の難きを知る。[*3]

孫子はいう。およそ戦争の原則としては、将軍が君主の命令を受けて、軍を統合し兵を集めてから、敵と対陣して止まるまでのあいだで、軍争すなわち機先を制するための争いほどむずかしいものはない。軍争のむずかしさは、曲がりくねった道をまっすぐな道に変え、不利な条件を有利なものへと転ずるところにある。そこで、まわり道をとるように見せかけ、敵を小利でつっておいて、その出足をひきとめ、相手よりおくれて出発しながら先に戦場に到着する。こうする者は、曲がりくねった道をまっすぐに変えるはかりごとをわきまえた者である。だから、軍争は利益をもたらすものの、一面では危険をはらんでもいる。もし、全軍をあげて有利な地点にたどりつこうと争ったならば、相手に遅れてしまい、軍形を無視して有利な地点にたどりつこうと争ったならば、足の重い輜重隊は置き去りにされる。——こういうわけで、軍隊に輜重がなければ亡び、食糧がなければ亡び、貯えがなければ亡ぶ――そこで、甲をはずして走り、昼夜兼行、道のりを倍にして、百里さきの有利な地点を占めようと争うときには、上軍・中軍・下軍の三将軍とも捕虜となる憂き目にあう。強健な者は先行し、疲労した兵士はとりのこされて、ゆきつく兵士の割合は十人のうち一人である。五十里さきの有利な地点を占めようと争うときには、先鋒の上将軍がひどい目にあい、ゆきつく兵士の割合は半分である。三十里さきの有利な地点を争うときには、三分の二がゆきつく。以上のことから、軍争のむずかしさは知られる。

〈和を交えて舎まる〉和は軍門のこと。陣をしいて両軍が対峙することを「交和」という。

〈委積〉諸本の注に「財貨」「薪蒭蔬材」などとあるが、荻生徂徠『孫子国字解』では例証がないとしてしりぞけている。そこで予備の貯えというくらいの意味であろうと解した。

＊1　宋本では「是の故に軍に輜重なければ…」以下の三句は、この章の末

尾にある。金谷治『孫子』が『通典』によって改めここに移して読んでいるのにしたがった。この三句は、上の「軍を委てて…輜重捐てらる」の古注であったのだろう。

＊2　宋本には「法」とある。『孫子考文』が『通典』の引用によって、原文は「率」となっていたであろうと推測したが、いまはそれにしたがう。「其の率、半ば至る」の「率」も同じ。

＊3　この句、宋本にはないが『通典』の引用にしたがって補った。

二　故に諸侯の謀を知らざる者は、予め交わること能わず。山林・険阻・沮沢の形を知らざる者は、軍を行ること能わず。郷導を用いざる者は、地の利を得ること能わず。[*1]

＊1　この章は九地篇第八章にもあって、ここでは前後とのつながりが悪い。おそらく錯簡であろう。『孫子考文』もこの説をとる。いまはそれにしたがい、ここでは読まない。

三　故に兵は詐(さ)を以て立ち、利を以て動き、分合(ぶんごう)を以て変を為(な)す者なり。故に其の疾(はや)きこと風の如く、其の徐(しず)かなること林の如く、侵掠(しんりゃく)すること火の如く、知り難きこと陰の如く、[*1]動かざること山の如く、動くこと雷(いかずち)の震(ふる)うが如くにして、郷を掠(かす)むるには衆を分かち、地を廓(ひろ)むるには利を分かち、権に懸(か)けて而(しか)して動く。迂直(うちょく)の計を先知する者は勝つ。此(こ)れ軍争の法なり。

そこで、戦争とは敵の意表をつくことにはじまり、利益の追求を動因として、分散と統合とをくりかえしつつ、たえず変化をとげるものである。だから軍隊は風のように迅速に進み、林のように静まりかえって待機し、燃えひろがる火のように侵掠し、暗闇(くらやみ)のように見分けがつかず、山のようにどっしりと腰をすえ、雷(かみなり)のように激しく襲い、村里を掠奪するときは兵士を手分けし、土地を奪い領土の拡張をはかるときは要点を分守し、利害得失をはかりにかけて打算したうえで行動する。相手にさきんじて遠い道のりを近道に変えるはかりごとをわきまえている者は、勝つ。これが戦争の原則である。

〈兵は詐を…〉計篇第四章「兵とは詭道なり」の意である。

〈権に懸け〉権ははかりのおもりのこと。ものごとをはかりにかけて打算することをいう。

＊1　宋本では、この句は「動かざること山の如く」と入れ替わっているが、張賁の説にしたがう。『孫子考文』も、林・陰・震が隔句韻になっているとして改めている。

四　軍政に曰わく、言うとも相聞こえず、故に金鼓を為る。視すとも相見えず、故に旌旗を為る、と。夫れ金鼓・旌旗なる者は、人の耳目を一にする所以なり。人、既に専一なれば、則ち勇者も独り進むことを得ず、怯者も独り退くことを得ず。紛紛紜紜、闘乱して乱るべからず、渾渾沌沌、形円くして敗るべからず。[*1] 此れ衆を用うるの法なり。故に夜戦に火鼓多く、昼戦に旌旗多きは、人の耳目を変うる所以なり。故に三軍も気を奪うべく、将軍も心を奪うべし。是の故に朝の気は鋭、昼の気は惰、暮れの気は帰。故に善く兵を用うる者は、其の鋭気を避けて其の惰帰を撃つ。此れ気を治むる者なり。治を以て乱を待ち、静を以て譁を待つ。此れ心を治むる者なり。近きを以て遠きを待ち、佚を以て労を待ち、飽を以て飢を待つ。此れ力を治むる者なり。正正の旗を邀うることなく、堂堂の陳を撃つことなし。此れ変を治むる者なり。

古の兵法書には、「口でいうだけでは聞こえない。だから鐘や太鼓を用意する。動作でしめすだけでは見えない。だから旗や旗さしものを用意する」といっている。いったい鐘や太鼓や旗や旗さしものは、兵士の耳目を統一させるためのものである。兵士が統一されていれば、勇敢な者でも抜け駆けすることはできず、臆病な者でも逃げだすわけにはいかない。両軍入り乱れての戦闘に突入しても軍は統制を乱されず、混戦に混戦を重ねても軍は自在に動いて敗れることがない。これが大部隊を運用する方法である。だから、夜の戦いにはかがり火や太鼓を、昼の戦いには旗や旗さしものを多く用いるのは、状況に応じて兵士の注意を変えるためである。それゆえ、これらの運用のしかたによっては、敵軍の士気を阻喪させ、敵将のどぎもを抜くことさえもできるのである。こういうわけで、朝がたの気力は鋭く、昼ごろの気力はたるみ、暮れがたの気力は尽きる。そこで、戦いに巧みな人が、その鋭い気力を避けて、気力のたるみ尽きたところを撃つのは、兵士の気力ということについて精通しているからである。よく統制のとれた状態で、混乱した相手に対し、冷静な状態で、ざわついた相手にむかうのは、兵士の心理ということについて精通しているからである。戦場の近くにいて、遠来の相手を待ちうけ、じゅうぶんな休息をとって、疲労した相手にあたり、たらふく食って、飢えた相手にあたるのは、戦力ということについて精通しているからである。旗さしもののよく整った軍隊は、まともに迎え撃たないし、堂々たる陣だての軍には、攻撃をしかけない。これは変わりみということについて精通しているからである。

〈軍政〉「軍の旧典」「古の軍書」などの古い注がある。政は法の意味で、古い兵法書のことであろう。この章以下は軍争とは直接かかわりがないので、

『孫子考文』では次の九変篇の錯簡であろうとしている。
〈金鼓〉鐘と太鼓。
〈紛紛紜紜〉まったく乱れきったさま。
〈渾渾沌沌〉曖昧模糊としてつかみどころのない状態をいう。
〈帰〉息む、尽きるの意。帰心にかられるという古注もある。
〈陳〉「陣」と通用する。
＊1「紛紛紜紜…敗るべからず」は勢篇第四章にあるが、ここに移して読んだ。

五

故に用兵の法は、高陵には向かうこと勿かれ、背丘には逆うること勿かれ、佯北には従うこと勿かれ、鋭卒には攻むること勿かれ、餌兵には食うこと勿かれ、帰師には遏むること勿かれ、囲師には必ず闕き、窮寇には迫ること勿かれ。此れ用兵の法なり。[*1]

＊1 この章は、明の劉寅の『七書直解』では張賁の説を引き、首句をのぞいたうえ、九変篇の「絶地には留まること勿かれ」の一句を加えて、次の

九変篇の第一章とし、現在の九変篇の第一章は、九地篇の錯簡であろうとした。桜田本でも軍争篇にこの章はなく、第四章で終わっていて、この章は九変篇のはじめにある。いまはこれにしたがって移して読むことにする。本書では第二章に位置するが、実質的には九変篇の冒頭になる。

※「兵とは詭道なり」（計篇）といい、「兵は詐を以て立つ」（軍争篇）というように、戦いは状況に応じて権変し主導権を確保しながら機先を制するものでなければならない。そのための用意をこの篇でいうのであるが、錯簡が多く主題に沿うのは一章と三章だけである。吉田松陰の『孫子評註』でも三章末尾で「先ず迂直の計を知り、これを行うに分合の変を以てす。此れ軍争の法なり。此に至りて軍争の本意尽きたり」として四章以下を補説としている。

第八　九変篇

変は変化、変態。常法にこだわらず、事変に臨んでとるべき九通りの処置について、また将軍の自戒すべきことがらなどについて説く。なおこの篇のはじめには錯簡の問題が多い。

一　孫子曰わく、凡そ用兵の法は、将、命を君より受け、軍を合し衆を聚め、圮地には舎まることなく、衢地には交わり合し、絶地には留まることなく、囲地には則ち謀り、死地には則ち戦う。[*1]

＊1　「孫子曰わく」から「衆を聚め」までは軍争篇の第一章と同じ。以下は「絶地には留まることなく」の一句をのぞいては九地篇第一章の末尾とほとんど同じことをいっている。劉寅・張賁の説によってこの章は九地篇の錯簡とみなすことにする。内容が九変とかかわりがないこと、九の字に対応

する九ヵ条がそろっていないことなどが主な根拠である。

二　孫子曰わく、凡そ用兵の法は、高陵には向かうこと勿(な)かれ、背丘には逆(むか)うること勿かれ、絶地には留まること勿かれ、佯北(しょうほく)には従うこと勿かれ、鋭卒には攻むること勿かれ、餌兵(じへい)には食(くら)うこと勿かれ、帰師には遏(とど)むること勿かれ、囲師には必ず闕(か)き、窮寇(きゅうこう)には迫ること勿かれ。此れ用兵の法なり[*1]。

孫子はいう。およそ戦いの原則は、高い陵(おか)にいる敵に向かって攻めてはならず、丘を背にして攻めてくる敵を迎え撃ってはならず、険しい地勢にいる敵には長く相対してはならず、偽って退却する敵を追ってはならず、士気盛んな敵軍には攻めかけてはならず、おとりの兵士には手出しをしてはならず、母国に帰る敵軍には立ちふさがってはならず、包囲した敵軍には必ず逃げ道をあけておき、窮地に追いこまれた敵軍は苦しめてはならない。これが戦いの原則である。

〈絶地〉険しい地勢のこと。遠地とか死絶の地とかいう解し方もある。
〈佯北〉敗れたふりをして偽って逃げること。
〈餌兵〉餌はつり餌。つまりおとりの兵士のこと。
＊1 この章は、軍争篇第五章をここに移して読んだ。軍争篇末尾の注を参照のこと。

三 塗に由らざる所あり。軍に撃たざる所あり。城に攻めざる所あり。地に争わざる所あり。君命に受けざる所あり。[*1]

道にも通ってはならない道がある。敵軍にも撃ってはならない軍がある。城にも攻めてはならない城がある。土地にも奪ってはならない土地がある。君主の命令にもしたがってはならない命令がある。

＊1 荻生徂徠は、この章は第二章の九変の説をうけてくりかえしたものだ

という。この章の五項は五変ともいうべきもので、次章の「五利」にあたる。

四　故に将、九変の利[*1]に通ずる者は、兵を用うることを知る。将、九変の利に通ぜざる者は、地形を知ると雖も、地の利を得ること能わず。兵を治めて九変の術を知らざる者は、五利を知ると雖も、人の用を得ること能わず。

それゆえ、将軍で、九変すなわち九通りの応変の処置がもたらす利益に精通している者は、軍隊の用い方をわきまえた者である。将軍が、この九変の利益に精通していなければ、たとえ戦場の地形がよくわかっていたとしても、地の利を自分のものにすることはできない。軍隊を統率するのに九変のやり方をわきまえていないようでは、たとえ五通りの処置の利益に通じていようとも、兵士たちを活用することはできない。

〈五利〉五変の別の意味で、前章「塗に由らざる所あり」以下の五項をさす。

＊1　宋本では「九変の地利」とあるが、諸本に「地」の字がないのにした

がった。

五　是(こ)の故に、智者の慮は必ず利害に雑(まじ)う。利に雑りて而(すなわ)ち務め信(の)ぶべきなり。害に雑りて而ち患(うれ)い解くべきなり。

こういうわけで、智者の配慮というものは必ず利害の両面をあわせ考える。利益になることを考えるときには、害の面もあわせ考えるから、その仕事はきっと順調にすすむ。害になることを考える場合にも、利益の面をあわせ考えるから、その心配ごともきっと消えうせる。

〈利害に雑う〉両面からものごとを考えることをいう。つまり、利については害を、害については利を考えてみる。

〈務め信ぶべきなり〉なしとげようと努力していることがきっと思いどおりに進展する。

六　是の故に、諸侯を屈する者は害を以てし、諸侯を役（えき）する者は業を以てし、諸侯を趨（はし）らす者は利を以てす。

こういうわけで、他の諸侯を屈服させるためには、彼らが損害をうけるようなことをしむけ、諸侯をあくせく働かせるためには、彼らがとびつくにちがいない事業をすすめ、諸侯を奔走させるためには、彼らに利益を食らわせて釣るのである。

七　故に用兵の法は、其の来たらざるを恃（たの）むことなく、吾（われ）の以て待つ有ることを恃むなり。其の攻めざるを恃むことなく、吾（わ）が攻むべからざる所あるを恃むなり。

そこで、戦争の原則は、敵のやってこないことを頼りにするのではなく、こちらに備えのあることを頼りにする。敵の攻撃しないことを頼りにするのではなく、こちらの攻撃されることのない態勢を頼りにするのである。

八　故に将に五危[*1]あり。必死は殺され、必生は虜にされ、忿速は侮られ、廉潔は辱しめられ、愛民は煩わさる。凡そ此の五者は、将の過ちなり、用兵の災いなり。軍を覆し将を殺すは、必ず五危を以てす。察せざるべからざるなり。

さて、将軍自身については五つの危険なことがある。決死の覚悟に凝り固まっているものは殺され、生きのびることだけを思っているものは捕虜にされ、気短で怒りっぽいものは侮られて罠におちいり、潔白なものは辱しめの手にのり、民をあわれむものはその情に擾される。すべてこの五つのことは将軍の過失であり、戦いの災厄となるものである。軍隊を壊滅させ、将軍自身を死に追いやるものは、必ずこの五つの危険である。よくよく考察しなければならない。

＊1　『孫子考文』は、『六韜』論将篇に十過の説があり、『孫子』の五危をひろげて十過としていること、危と過は古音が近いこと、また「将の過」と

この章にもあること、などを根拠として「五危」は「五過」の誤りであろうといっている。

※『春秋』に「国の大事は祀と戎とにあり」という。祖先への祭祀と防衛のための戦いとが国家の大事であるというのである。どの国においても生き残るための戦いは数多く繰り返されたであろう。そしてその戦いの模様はさまざまな形で伝えられたであろう。ある場合は老人の若き日の手柄ばなしとして。またあるときには巧妙な戦術として。戦争が国家とその成員の命運を決定するものである以上、ことはなおざりであってはならない。そうした歴史の集積の中から、軍争篇の「軍政」というものも生まれ、またここにいう「塗に由らざる所あり」といった智慧も生まれてきたものであろう。

第九　行軍篇

行軍に関して注意すべきこと、軍をとどめる場所、敵情把握についての常識などを説く。

一　孫子曰わく、凡そ軍を処き、敵を相ること。山を絶ゆるには谷に依り、生を視て高きに処り、降るに戦いて登ることなかれ。此れ山に処るの軍なり。水を絶ゆれば必ず水に遠ざかり、客、水を絶えて来たらば、これを水内に迎うるなく、半ば済らしめてこれを撃つは利なり。戦わんと欲する者は、水に附きて客を迎うること勿かれ。上に雨ふりて水沫至らば、渉らんと欲する者は、其の定まるを待て。[2] 生を視て高きに処り、水流を迎うることなかれ。此れ水上に処るの軍なり。斥沢を絶ゆるには、惟亟かに去って留まることとなかれ。若し軍を斥沢の中に交うれば、必ず水草に依りて衆樹を背にせよ。此れ斥沢に処るの軍なり。平陸には易に処りて而して高きを右背にし、死を前にして生を後にせよ。此れ平陸に処るの軍なり。凡そ此の四軍の利は、黄帝の四帝に勝ちし所以なり。

孫子はいう。およそ軍隊の駐留と敵情の観測とについて。山越えをするときは谷ぞいに進み、草木の茂りを見つけて高みに陣どり、山を下る態勢で戦っても、登る形で戦ってはならない。これは山岳を行く軍についてである。川を渡ったなら必ずその川から遠ざかり、敵が川を渡って攻めてきたときには、それを川のなかで迎え撃つことはしないで、敵の半ばを渡らせてから撃つのが効果的である。もし戦おうと思うならば、水際につめて敵を待っていてはならない。上流が雨で川があわだっているときには、もし渡ろうとするなら、流れの落着くのを待ってからにするのがよい。草木の茂りを見つけて高みに陣どり、水の流れに逆らうような形で敵を迎え撃ってはならない。これは川のほとりを行く軍についてである。沼沢地を越えるときには、さっさとすばやく通り過ぎて止まってはならない。もし、沼沢地で交戦することになったならば、必ず飲料水と飼料の草のある場所に軍をよせ、立ち木の多いところを背にして陣を構えよ。これは沼沢地を行く軍についてである。平地では、とりわけなだらかなところにいて、高地が右手の背後にあり、前方は荒地で、後方は草木の生い茂る場所がよい。これは平地を行く軍についてである。およそ、この四通りの駐留のしかたのもたらす利益こそ、黄帝が四人の帝王にうち勝つことのできた理由なのである。


〈絶〉越の意。

〈生を視る〉南向きに位置するとか、高みを探すとかいう注がある。ここでは「草木の生い茂るあたりをみつくろう」と解する荻生徂徠の説にしたがう。反対語の「死」は、したがって草木の茂りのない荒地という意味になる。また、生を南向きと解する場合は、死は北向きであり、生を高みととれば、死は低地の意となる。

〈右背〉「右手と背後」と解するのがふつうであるが、いまは唐の李筌（りせん）の注にしたがって右手の背後ととった。

〈黄帝〉上古の五帝の一人。名は軒轅（けんえん）。『史記』では漢民族の祖とされており、農業をはじめとして、諸文化の創始者とされる伝説上の帝王。

〈四帝〉不明である。「四方の諸侯のこと」とか「四軍の誤りであろう」などという注がある。黄帝の聖戦伝説は諸書に見え、『史記』によると、炎帝・蚩尤・葷粥の三者との戦いのことが見えるから、この当時、四帝に勝ったという古伝があったのかもしれない。

＊1　宋本には「隆」とある。『通典』『太平御覧』にしたがって改めた。もし「隆きに戦う」なら、「高所で戦う場合」という意味になる。

＊2　「上に雨ふりて…定まるを待て」は、この篇の第三章だが、劉寅の『武経直解』に引かれた張賁の説にしたがって、この章のなかに移して読んだ。

二　凡そ軍は高きを好みて下きを悪み、陽を貴びて陰を賤しむ。生を養いて実に処り、軍に百疾なきは、是れを必勝と謂う。丘陵堤防には必ず其の陽に処りて而してこれを右背にす。此れ兵の利、地の助けなり。

およそ、軍隊を駐留させるには、高地は好ましいが低地は悪く、日当たりのよいところは望ましいが、日当たりの悪いところはよろしくない。水や草の豊かな、そして陽の当たる高みにいて、軍隊にも悪疫がはやらないということであれば、これは必勝の軍といえる。丘陵や堤防のそばでは、必ずその東南にいて、それが右手の背後になるようにする。これが戦争に有利な条件であり、地形の援助というものである。

三　上に雨ふりて水沫至らば、渉らんと欲する者は、其の定まるを待て。[*1]

＊1　この篇の第一章のなかに移して読んだ。

四　凡そ地に絶澗・天井・天牢・天羅・天陥・天隙あらば、必ず亟かにこれを去りて、近づくこと勿かれ。吾はこれに遠ざかり、敵にはこれに近づかしめよ。吾はこれを迎え、敵にはこれを背せしめよ。

およそ地形で、絶壁にはさまれた谷川、天然の井戸、天然の牢獄、天然の捕り網、天然の陥し穴、天然のすきまがあるときには、必ずすみやかに立ち去って、近づいてはならない。味方はそこから遠ざかって、敵にはそこに近づくようにしむけ、味方はそれに向かって、敵にはそれを背にするようにしむけよ。

〈絶澗…天隙〉この六つの地形を「六害」という。絶澗はけわしい絶壁にかこまれた谷間、天井は深いくぼみで、まわりから水のより集まる自然の井戸のこと、天牢は三面がかこまれていて、残る一方をふさがれると牢獄のようになる地形、天羅は草木が密生していて身動きのとれないような、捕り網のような地形、天陥は陥没した泥沼で落ちこんだら出ることのできない自然の陥し穴、天隙は両側がせばまった細長く深い地隙のことである。

五　軍行に、険阻・潢井(こうせい)・葭葦(かい)・山林・蘙薈(えいわい)ある者は、必ず謹(つつ)しんでこれを覆索(ふくさく)せよ。此れ伏姦(ふくかん)の処(お)る所なり。

行軍中に、険(けわ)しい地形、池や窪地、あしやよしの原、山林、草木の生い茂っているところがあったら、必ず慎重にくりかえし捜索せよ。こういうところは、伏兵や斥候がひそんでいる場所である。

〈潢井〉潢は池、たまり水。井は井戸、水の湧きでる窪地。
〈葭葦〉あしとよし、水草。
〈蘙薈〉草木の盛んに茂りおおっているところ。
〈覆索〉覆はくりかえす。索は捜索。

六　敵近くして静かなる者は、其(そ)の険を恃(たの)むなり。遠くして戦いを挑(いど)む者は、人の進むを欲するなり。其の居る所の易(い)なる者は、利するなり。衆樹の動く者は来たるなり。衆草の障(しょう)多き者は疑(ぎ)なり。鳥の起(た)つ者は伏(ふく)なり。獣の駭(おどろ)く者は覆(ふう)なり。塵(ちり)高くして鋭き者は車の来たるなり。卑(ひ)くして広き者は徒の来たるなり。散じて条達する者は樵採(しょうさい)なり。少なくして往来する者は軍を営(いとな)むなり。

敵が近くにいながら静まりかえっているのは、その地形の険(けわ)しさを頼みとしているからである。遠くにいながら戦いをしかけてくるのは、こちらの進撃を望んでいるのである。敵がことさらに平坦な地で陣を構えているのは、こちらを誘い出そうとしているのである。木立ちがざわめき動くのは、敵が攻めてくるのである。たくさんの草を積みあげておおいかぶせてあるのは、伏兵と見せかけているのである。鳥が飛び立つのは、伏兵がいるのである。獣が驚いて走るのは、奇襲をかけてくるのである。ほこりが高くまっすぐに舞い上がっているのは戦車が攻めてくるのである。低くたれて広がっているのは歩兵が攻めてくるのである。ばらばらで細いすじのようにあがっているのは、薪をとっているのである。わずかのほこりであちこちと動くのは、先遣隊が軍陣の設営をしているのである。

七　辞卑くして備えを益す者は進むなり。辞強くして進駆する者は退くなり。軽車の先ず出でて其の側に居る者は陳するなり。約なくして和を請う者は謀なり。奔走して兵を陳ぬる者は期するなり。半進半退する者は誘うなり。

敵の使者のことばがへりくだっていて、守備を増強している気配のうかがえるのは、実は進撃してくる前兆である。使者のことばが威丈高で勇ましく、進撃の気配のみえるのは、実は退却する寸前なのである。戦闘用の軽車をまず前面におしだして両側に備えているのは、陣の構築にかかっているのである。困窮してもいないのに講和を願ってくるのは、謀略である。走りまわって兵をととのえているのは、決戦を期しているのである。半ば進み、半ば退くのは、こちらを誘い出そうとしているのである。

八　杖つきて立つ者は飢うるなり。汲みて先ず飲む者は渇するなり。利を見て進まざる者は労るるなり。鳥の集まる者は虚しきなり。夜呼ぶ者は恐るるなり。軍の擾るる者は将の重からざるなり。旌旗の動く者は乱るるなり。吏の怒る者は倦みたるなり。馬に粟して肉食し、軍に缻を懸くることなく、其の舎に返らざる者は窮寇なり。諄諄翕翕として徐ろに人と言う者は衆を失うなり。数賞する者は窘しむなり。数罰する者は困しむなり。先に暴にして後に其の衆を畏るる者は不精の至りなり。来たりて委謝する者は休息を欲するなり。兵怒りて相迎え、久しくして合わず、また解き去らざるは、必ず謹しみてこれを察せよ。[*1]

兵士が杖にすがって立っているのは、その軍が飢えているのである。水汲み役が水を汲みながらまっさきに飲んでいるのは、その軍が水にかつえているのである。利益になるのを知りながら進もうとしないのは、その軍が疲労しきっているのである。鳥が群がっているのは、その陣がからっぽなのである。夜に呼びかわす声のするのは、その軍がおびえているのである。軍営のさわがしいのは、将軍に威厳がないのである。旗さしものが揺れ動いているのは、士気が動揺しているのである。役人がどなりちらしているのは、その軍が倦み疲れているのである。馬には兵糧米を食わせ、兵士が肉を食い、軍中どこにも鍋釜が見あたらず、兵士が幕舎にはいろうともしないのは、窮地に立たされた軍勢である。将軍がおずおずとひかえ目な口調で兵士に話をしているのは、兵士の信頼を失ってしまっているのである。しきりに褒賞を与えているのは、苦慮しているのである。しきりに罰しているのは、困惑しているのである。はじめに乱暴に人を使っておきながら、後になって兵士たちの離反を気づかっているのは、最も配慮の行きとどかないことである。わざわざ出向いてきて贈り物を捧げてあやまるというのは、軍をしばし休息させたいのである。敵軍が怒りたけった素振(そぶ)りで攻めかかってき、さてこれに応ずるといっこうに交戦せず、そうかといって撤退するでもないというのは、必ず慎重にその事情を見きわめなければならない。


〈吏〉役人。将軍の配下にあって兵士その他を監督する者のこと。

〈諄諄翕翕〉諄諄はくりかえしてねんごろに告げさとすこと。翕翕はちぢむこと。おそるおそる不安げなことをいう。

〈窘・困〉兵士たちが疲労しきっていると解するのがふつうではあるが、この前後が将軍自身にかかわることなので、ここは「将軍が人望を失って統率に苦心している」と解するのがよかろう。杜牧(とぼく)の注と北村佳逸『孫子解説』によった。

＊1　宋本では「相」とあるが、古注と桜田本によって改めた。

九　兵は多きを益ありとするに非ざるなり。惟武進することなく、力を併わせて敵を料らば、以て人を取るに足らんのみ。*1夫れ惟慮りなくして敵を易る者は、必ず人に擒にせらる。卒未だ親附せざるに而もこれを罰すれば、則ち服さず。服さざれば則ち用い難きなり。卒已に親附せるに而も罰行なわれざれば、則ち用うべからざるなり。故にこれを*2合するに文を以てし、これを斉うるに武を以てする、是れを必取と謂う。令、素より*3信にして、以て其の民を教うれば則ち民服す。令、素より信ならずして、以て其の民を教うれば則ち民服さず。令の素より信なる者は衆と相得るなり。

戦争は兵員が多いほど有利であるというものではない。ただ猛進しないようにして、味方の戦力を結集しながら敵情を考えはかっていけば、勝利を収めるのにじゅうぶんであろう。ところが、深い思慮もなく、ただむやみに敵をあなどる者は、必ず敵の捕虜にされる。兵士がまだ親しみなついていないのに、懲罰を行なったのでは、彼らは心服しない。心服しなければ使いにくい。兵士がすでに親しみなついているのに、懲罰を行なわないようでは、やはりじゅうぶんに使いこなすことができない。このように軍隊では、なつけるには恩徳を用い、統率するには刑罰を用いるのであって、これを必勝の軍というのである。法令が平生から公正であれば、彼らに命令しても服従するが、法令が平生から公正でなければ、彼らに命令しても服従しない。法令の平生から公正である者こそ、兵士の信頼をかちとることができるのである。

＊1 「以て…足らんのみ（足以）」は、この二字とも「力を併わせて…」の上にあるが、『孫子考文』の説にしたがって「人を取るに」の上に移して読んだ。
＊2 宋本には「令」とある。『群書治要』『北堂書鈔』の引用にしたがって改めた。親附させる意。
＊3 宋本には「行」となっているが、「信」の誤りであろうとする『孫子考文』にしたがって改めた。下の二つも同様に改めた。

※この篇は、陣営の構築、場所の設定から敵情の分析にまで及んでいる。夜中に

兵士たちが呼びあっているのはおびえているからであるとか、塵が空高く舞うのは戦車の進撃であるとかいうのは、まるで目に見えるようでおもしろい。なお、この篇の第八章や次の地形篇第二章にみえる「吏」すなわち役人は、武官ではなく軍隊内に役職をもつ文官だということを注意しておきたい。

第十　地形篇

計篇で「三に曰わく地」といったその土地の形状、ならびにその種類や対処のしかたについて説く。また敗軍についての考察なども含まれている。

一　孫子曰わく、地形には、通なる者あり、挂なる者あり、支なる者あり、隘なる者あり、険なる者あり、遠なる者あり。我以て往くべく彼以て来たるべきを通と曰う。通なる形には、先ず高陽に居り、糧道を利して以て戦えば、則ち利あり。以て往くべきも以て返り難きを挂と曰う。挂なる形には、敵に備えなければ出でてこれに勝ち、敵若し備え有れば出でて勝たず、以て返り難くして不利なり。我出でて不利、彼も出でて不利なるを支と曰う。支なる形には、敵、我を利すと雖も、我出ずることなかれ。引きてこれを去り、敵をして半ば出でしめてこれを撃つは利なり。隘なる形には、我先ずこれに居れば、必ずこれを盈たして以て敵を待つ。若し敵先ずこれに居り、盈つれば而ち従うこと勿かれ、盈たざれば而ちこれに従え。険なる形には、我先ずこれに居れば、必ず高陽に居りて以て敵を待つ。若し敵先ずこれに居れば、引きてこれを去りて従うこと勿かれ。遠なる形には、勢い均しければ以て戦いを挑み難く、戦えば而ち不利なり。凡そ此の六者は地の道なり。将の至任にして察せざるべからざるなり。

孫子はいう。地形には、通じひらけたもの、障害のあるもの、小さな枝道にわかれたもの、中びろで入口のせまいもの、険しいもの、遠く隔たったものの六つがある。こちらからも行くことができ、あちらからも来ることのできるのを通じひらけた地形という。通じひらけた地形の場合には、敵よりさきに高みの南向きに陣どり、また軍糧補給の輸送路を確保しながら戦えば有利である。障害のある地形という。行くのは易しいが、ひき返すのは困難なのは、障害のある地形の場合には、敵に備えがなければうってでて勝てるが、敵にもし備えがあればうってでても勝てず、そのうえひき返すのが困難であるから不利である。こちらから出ていっても不利になるし、あちらが出てきても不利になるのを、枝道の多い地形という。枝道の多い地形の場合には、敵がこちらに有利なところを見せたとしても、うってでてはならない。軍を引いてその場から撤退し、追い討ちの敵を半分ほど出てこさせて反撃するのが有利である。入口がせまく中びろの地形の場合には、こちらがさきにその場を占拠し、入口に兵士を詰めて敵の来るのを待つのがよい。もし敵がさきにその場を占拠し、入口に敵兵がたくさん詰めているときはこれを相手にすべきではないが、敵兵が詰めていなかったならば攻めてゆくのがよい。険しい地形の場合には、こちらがさきにその場を占拠し、必ず高みの南向きに陣どって敵のくるのを待つのがよい。もし敵がさきにその場を占拠していたなら、軍を引いて立ち去り、相手にしてはならない。遠く隔たった地形の場合には、両軍の勢力がひとしければ、戦いをしかけるのはむずかしく、しかけて戦ったところで不利である。すべてこれら六つのことは、土地にそなわった道理である。将軍に課せられた最も重大な任務として、よくよく考察しなければならない。

二　故に、兵には、走る者あり、弛む者あり、陥る者あり、崩るる者あり、乱るる者あり、北ぐる者あり。凡そ此の六者は天の災いに非ず、将の過ちなり。夫れ勢い均しきとき、一を以て十を撃つを走ると曰う。卒強くして吏弱きを弛むと曰う。吏強くして卒弱きを陥ると曰う。大吏怒りて服さず、敵に遇えば懟みて自ら戦い、将は其の能を知らざるを崩ると曰う。将弱くして厳ならず、教道も明らかならずして、吏卒常なく、兵を陳ぬること縦横なるを乱ると曰う。将、敵を料ること能わず、小を以て衆に合い、弱を以て強を撃ち、兵に選鋒なきを北ぐと曰う。凡そ此の六者は敗の道なり。将の至任にして察せざるべからざるなり。

さて、軍隊には逃亡するのがあり、弛むのがあり、陥ちこむのがあり、崩れるのがあり、乱れるのがあり、敗走するのがある。すべてこれら六つのことは、自然の災害ではなく、将軍の過失なのである。そもそも、両軍の勢力がひとしいときに、一の軍隊で十の敵軍を攻撃するのを逃亡する軍という。兵士が強くて監督する役人が弱いのを、弛む軍という。役人の力が強くて兵士の弱いのを、陥ちこむ軍という。役人の長が怒って将軍に服従せず、敵に遭遇しても腹いせに自分勝手な戦いをし、将軍はまた彼の能力をのみこんでもいない、こういうのを崩れる軍という。将軍が弱気で威厳もなく、軍令もあいまいで、役人にも兵士にもきちんとした規律がなく、軍の構えもでたらめである、こういうのを乱れる軍という。将軍が敵情を考えはかることができず、小勢で優勢な敵にあたり、弱兵で強敵を攻撃し、しかも軍にえりすぐった先鋒隊もない、こういうのを敗走する軍という。すべてこれら六つのものは、敗北にいたる道理である。将軍に課せられた最も重大な任務として、よくよく考察しなければならない。

三　夫れ地形は兵の助けなり。敵を料りて勝を制し、険夷*1・遠近を計るは、上将の道なり。此れを知りて戦いを用なう者は必ず勝ち、此れを知らずして戦いを用なう者は必ず敗る。故に戦道必ず勝たば、主は戦うなかれと曰うとも必ず戦いて可なり。戦道勝たずんば、主は必ず戦えと曰うとも戦うなくして可なり。故に進んで名を求めず、退いて罪を避けず、唯民を是れ保ちて而して利の主に合うは、国の宝なり。

そもそも、地形というものは、戦いの補助となるものである。敵情を観測して勝算をたて、土地がけわしいか平坦か、遠いか近いかをじゅうぶんに検討するのが、総大将の務めである。これをよくわきまえたうえで戦う者は必ず勝ち、これをわきまえずに戦う者は必ず敗れる。だから、戦争の道理にてらして必勝をよみとったときには、たとえ君主が戦ってはならないといっても、思いきって戦ってよいのである。戦争の道理にてらして勝てないと見こんだときには、君主が必ず戦えといったとしても、こらえて戦わないのがよい。だから、軍を進めても功名を求めてのことではなく、退却しても罪にふれるのを恐れることなく、ただひたすらに人民の保全を思い、しかもそれが君主の利益にも合致するという将軍は、国家の宝である。

〈戦道必ず勝たば〉戦道は、戦争を支配する道理。あらゆる条件を考えて計算した結果、道理として必勝の答えが出たならばということ。

＊1　宋本では「阨」とあり、『通典』『太平御覧』には「易」とある。『孫子

考文』によると「阨」は「夷」の誤りで、夷は易と同意であるという。これによって改めた。

四 卒を視ること嬰児の如し、故にこれと深谿に赴くべし。卒を視ること愛子の如し、故にこれと倶に死すべし。厚くして使うこと能わず、愛して令すること能わず、乱れて治むること能わざれば、譬えば驕子の若く、用うべからざるなり。

将軍が兵士を、幼児をおもいやる心で見ているから、兵士は危険な深い谷の底までも将軍についていく。兵士を、愛児をいつくしむ心で見ているから、兵士は死生を将軍とともにする。しかし、兵士を厚遇するだけで仕事をさせることができず、いとおしむだけで命令することができず、気ままをゆるして規律にしたがわせることができないようでは、たとえばわがまま息子を養っているようなもので、ものの役にたたせることはできない。

〈驕子〉おごりたかぶり、わがままにふるまう子供のこと。

五　吾が卒の以て撃つべきを知るも、而も敵の撃つべからざるを知らざるは、勝の半ばなり。敵の撃つべきを知るも、而も吾が卒の以て撃つべからざるを知らざるは、勝の半ばなり。敵の撃つべきを知り、吾が卒の以て撃つべきを知るも、而も地形の以て戦うべからざるを知らざるは、勝の半ばなり。故に兵を知る者は、動きて迷わず、挙げて窮せず。故に曰わく、彼を知りて己れを知れば、勝、乃ち殆うからず。地を知りて天を知れば、*1勝、乃ち全うすべし、*2と。

味方の兵士の攻撃力の強さを知っていても、敵側に備えがあって攻撃してはならない状態にあることを見通せないようでは、必ず勝つとは限らない。敵の側が攻撃してもよい状態にあることをよみとっても、味方の兵士の攻撃力の不足がわからないようでは、必ず勝つとは限らない。敵の側が攻撃してもよい状態にあるのをよみとり、味方の兵士の攻撃力の強さもわかってはいても、地形が戦うべきでない状況であることが見ぬけないようでは、必ず勝つとは限らない。それゆえ、戦いのことに通暁（つうぎょう）した人は、軍を動かしても迷いがなく、合戦しても窮地に追いやられることはない。だから「敵情を察知しており、味方のこともよくわきまえていれば、そこで勝利はゆるぎがない。地勢をわきまえ、天時をも知り尽くしていれば、そこで勝利は完璧（かんぺき）だ」といわれるのである。

〈吾が卒の以て撃つべき…勝の半ばなり〉このあたりは、謀攻篇第五章の「彼を知らずして己れを知れば、一勝一負す」にあたるであろう。

〈殆うからず〉謀攻篇第五章の「彼を知り己れを知れば、百戦して殆うからず」にあたる。謀攻篇では、これが最上とされたが、ここではさらに地勢・天時をも加味しなければ完全ではないとする。

〈地・天〉計篇第一章・第二章の五事の地と天を参照。

＊1　宋本では「天を知りて地を知れば」と順序が逆になる。

＊2　宋本には「乃ち窮まらず」とある。諸本にしたがって改めた。『孫子考文』は己と殆、天と全とが韻をふむとしている。

※『淮南子』に同題の「地形」篇がある。そこでは全国の山川藪沢、その土地が化育する物産、またその土地に住む人間の性情などが記述される。いわば当時における人文地理的世界把握である。人間が自らの四周を理解しようとするのは当然のことで、古く『禹貢』にその起源を求めることができるのであるが、戦国期になると、たとえば『荀子』では広域経済圏を構想する彼の立場ともあいまって、かなり地理的にも正しい世界把握をもっていた。しかしその観点は常に政治経済や人文的なものに限られていた。また中国ではそれが一般である。しかし『孫子』での地形はただ戦術を決定するきわめて無機的な素材としてのみ観察される。こうした技術者的な「目」は中国の古典ではきわめて数少ない。

第十一　九地篇

九通りの地勢について、ならびにそれらの地勢に影響をうける兵士の士気、またその士気の扱い方について説く。

一　孫子曰わく、用兵の法に、散地あり、軽地あり、争地あり、交地あり、衢地あり、重地あり、圮地あり、囲地あり、死地あり。諸侯自ら其の地に戦う者を、散地と為す。人の地に入りて深からざる者を、軽地と為す。我得るも亦利、[*1]彼得るも亦利なる者を、争地と為す。我以て往くべく、彼以て来たるべき者を、交地と為す。諸侯の地四属し、[*2]先に至れば而ち天下の衆を得る者を、衢地と為す。人の地に入ること深く、城邑を背にすること多き者を、重地と為す。山林[*3]・険阻・沮沢、凡そ行き難きの道なる者を、圮地と為す。由りて入る所の者隘く、従りて帰る所の者迂にして、彼寡にして以て吾の衆を撃つべき者を、囲地と為す。疾く戦えば則ち存し、疾く戦わざれば則ち亡ぶ者を、死地と為す。是の故に、散地には則ち戦うことなく、軽地には則ち止まることなく、争地には則ち攻むることなく、交地には則ち絶つことなく、衢地には則ち交わりを合わせ、重地には則ち掠め、圮地には則ち行き、囲地には則ち謀り、死地には則ち戦う。

孫子はいう。戦争の法則に、散地・軽地・争地・交地・衢地・重地・圮地・囲地・死地の九つの地形のことがある。諸侯が自国で戦うのが散地である。敵の領土に侵入したが、まだそう深入りはしていないのが軽地である。味方がとれば味方に有利、敵がとれば敵に有利なのが争地である。こちらからも行けるし、向こうからも来ることのできるのが交地である。諸侯の領土と四方に接していて、さきに行きつけば天下の民衆をも掌握できるのが衢地である。敵の領地に深く侵入して、すでにいくつもの敵の城や村を背後にしているのが重地である。山林やけわしい地形や沼沢地など、行軍のむずかしい道が圮地である。そこへ入って行く道は狭く、ひき返すにはまわり道をしなければならず、敵は小勢で味方の大軍を撃てるというのが囲地である。果敢に戦えば血路も開かれるが、奮戦しなければ壊滅するのが死地である。それゆえ、散地では戦ってはならず、軽地では止まってはならず、争地ではもし敵が先着していたなら攻撃してはならず、交地では前後の連絡を緊密にしていなくてはならず、衢地では諸侯と同盟を結び、重地では掠奪し、圮地ではすばやく通り過ぎ、囲地では奇策をめぐらし、死地ではただ決戦あるのみである。


〈散地〉味方の軍の兵士たちが離散しやすい土地という意味。自国内での戦いなので、兵士たちは家を慕って逃げ散ってしまうからである。

〈軽地〉自国が近いため、兵士たちの心がうわついて戦意の高まりにくい土地をいう。

〈重地〉敵の領内の奥深いところ。兵士たちの戦意が高まり、落ち着いて戦える土地。

〈圮地〉圮は毀の意味。くずれこわれた土地の意から、すべて行軍に困難な山林や要害や沼や沢の多いところなどの土地をさす。

〈囲地〉包囲されやすい土地、地形篇の隘地と似ているが、隘地は周囲の山がせまっていて、その地を占めたものに有利であるが、囲地は周囲の山が遠まきで、入りこんでも結束できない。荻生徂徠は、地形篇は小さな個々の地形について述べ、九地篇は大きな地勢について述べている、その点が異なるという。

＊1　宋本には「則」とあるが諸本にしたがって改めた。
＊2　宋本には「三」とある。『孫子考文』の考証にしたがって改めた。
＊3　「山」の上に宋本は「行」がはいっている。諸本により除いた。

二　古（いにしえ）[*1]の善（よ）く兵を用うる者は、能（よ）く敵人をして前後相及ばず、衆寡相恃（あいたの）まず、貴賤相救わず、上下相扶（たす）けず、[*2]卒離れて集まらず、兵合（がっ）して斉（ととの）わざらしむ。利に合えば而（すなわ）ち動き、利に合わざれば而ち止（とど）まる。[*3]

むかしの戦いに巧みな人は、敵軍に前後の連絡がとれないようにさせ、大部隊と小部隊とがたがいに頼りあえないようにさせ、身分の高い者と低い者とがたがいに救いあえないようにさせ、上下の者がたがいに助けあえないようにさせ、兵士が離散して集合せず、集合しても陣だてが整わないようにさせた。

＊1 「古」の上に宋本では「所謂(いわゆる)」の二字がある。諸本にないので除いた。
＊2 宋本には「相収」とある。『通典』『太平御覧』の引用にしたがって改めた。
＊3 「利に合えば而ち…」の二句は、火攻篇第五章にも見える。『孫子考文』は、この章の二句を誤りとみて除いている。いまそれにしたがって読まないことにする。なお『孫子考文』では、この章と次の章とは、前後と続かないから、他篇からの混入であろうとみている。

三 敢(あ)えて問う、敵、衆整(しゅうせい)にして将(まさ)に来たらんとす。これを待つこと若何(いかん)、と。曰わく、先ず其の愛する所を奪わば、則(すなわ)ち聴(き)かん。兵の情は速を主とす。人の及ばざるに乗じて不虞(ふぐ)の道に由(よ)り、其の戒めざる所を攻むるなり、と。

ではおたずねするが、敵が大勢でしかも整然として攻めてこようとしているときには、どのように対処したらよいのか。答えていう。機先を制して、敵の大切に思っているものを奪取すれば、こちらのいうがままになろう。戦いの心得の第一は迅速である。敵の不備につけこみ、思いもよらない奇策を用いて、敵の警戒していないところを攻撃することである。

四　凡そ客たるの道、深く入れば則ち専らにして主人克たず。饒野に掠むれば三軍も食に足る。謹[*1]め養いて労することなく、気を併わせ力を積み、兵を計謀に運らし、測るべからざるを為し、これを往く所なきに投ずれば、死すとも且た北げず。士人、力を尽くす、勝焉んぞ得ざらんや。[*2]兵士は甚だしく陥れば則ち懼れず、往く所なければ則ち固く、深く入れば則ち拘し、已むを得ざれば則ち闘う。是の故に其の兵、修めずして戒め、求めずして得、約せずして親しみ、令せずして信なり。祥を禁じ疑いを去らば、死に至るまで之く所なし。吾が士に余財なきも貨を悪むには非ざるなり。余命なきも寿を悪むには非ざるなり。令の発する日、士卒の坐する者は涕襟を霑し、偃臥する者は涕頤に交わる。これを往く所なきに投ずれば諸（ちょ）・劌（かい）の勇なり。

およそ敵国に進撃した場合の原則は、深く敵国内に入りこむと、味方は団結し、相手方はこれに対抗できない。豊饒（ほうじょう）な土地を掠奪すれば、全軍の食糧はまにあう。つとめて兵士たちを保養して疲労させないようにし、士気を高め統一し、戦力をたくわえ、軍をはかりごとのままに自在に動かして、敵の思いもよらない作戦を展開し、さらに軍をもはやどこへも行き場のない状況のなかに投入すれば、兵士は死んでも逃げだすようなことはしない。士卒ともども、果敢に戦うからには、どうして勝利が得られないことがあろうか。兵士たちは、あまりに危険ななかにおちこんでしまうとかえって恐怖を忘れ、ほかに行き場のない状況になると自然に軍は結束し、敵国内に深く入りこむと行動は統制され、どうしようもない事態になると必死に戦う。こうして兵士たちは、教えなくてもみずから戒め、指図しなくてもじゅうぶんに力を発揮し、拘束しなくても親しみあい、軍令によらなくても信義を守る。さらに、いかがわしい占（うらな）いごとを禁止して疑惑の心を起こさせないようにすれば、死ぬまで他（よそ）に心を移すようなことはない。わが兵士たちが、余分な貨財を持たないのは、貨財を持つことをきらってのことではない。生命でさえも投げだすのは、長生きすることをきらってのことではない。決戦の命令が発せられた日、兵士のなかで坐っている者は涙で襟をぬらし、身を横たえている者は涙の流れるすじをいくつも顔につくる。だから、こういう悲憤慷慨している兵士たちを、ほかに行き場のない状況のなかに投入すれば、すべて専諸や曹劌のように勇敢になるのである。

〈客・主〉その国に侵入し攻撃するものが客で、その侵入に対応する相手方を主という。

〈往く所なきに投ず〉もはや敵と戦うよりほかには行き場のない状況におくこと。

〈諸・劌〉諸は専諸、春秋時代の呉の人で、呉の公子光のために呉王の僚を刺殺した。劌は曹劌で、やはり春秋時代の魯の人。勇力をもって荘公に仕え、斉と柯に会して盟ったとき、短剣をもって斉の桓公をおびやかし、奪われた魯の領地をとりもどした。曹劌はまた曹沫という説もある。二人ともに勇者として有名であった。

＊1　『孫子考文』が解するように、「謹」は「勤」の仮借とみるのがよいであろう。

＊2　宋本では「死焉んぞ得ざらん、士人、力を尽くす」とある。これでは意味が通じない。そこで、杜牧の注から推定した『孫子考文』によって改め、読んだ。

五

故に善く兵を用うる者は、譬えば率然の如し。率然とは常山の蛇なり。其の首を撃てば則ち尾至り、其の尾を撃てば則ち首至り、其の中を撃てば則ち首尾倶に至る。敢えて問う、兵は率然の如くならしむべきか、と。曰わく、可なり、と。夫れ呉人と越人との相悪むや、其の舟を同じくして済りて風に遇うに当たりては、其の相救うや左右の手の如し。是の故に馬を方べて輪を埋むるとも、未だ恃むに足らざるなり。勇を斉えて一の若くにするは政の道なり。剛柔みな得るは地の理なり。故に善く兵を用うる者、手を攜りて一人を使うが若くなるは、已むを得ざらしむるなり。

そこで戦いに巧みな人は、たとえば率然のようである。率然というのは常山にいる蛇のことである。この蛇は、頭を撃つと尾が助けにくる、尾を撃つと頭が助けにくる、腹を撃つと頭と尾とがいっしょになってかかってくるのである。ある人がきいた。「ではおたずねするが、軍も率然のような具合に動かすことができようか」。孫子は答えた。「いうまでもない」。いったい、呉の人と越の人とはたがいに憎みあう仲であるが、同じ舟に乗りあわせて川を渡るとき、大風に襲われたなら、彼らはちょうど左右の手のように助けあうものである。こういうわけで、馬をならべてつなぎ、車輪を土の中に埋めて陣固めをしたところで、そのような防備はしょせん頼りにはならない。いちように勇敢な軍隊に結束させるのは、軍制の運用によることである。剛強な者も、柔弱な者も、ひとしく力をだし尽くすようにさせるのは、地勢の道理によることである。だから、戦いに巧みな人は、手をとって一人の人間を動かすように、軍を自在にあやつるが、それは軍隊を戦うしかない状況におくからである。

〈率然〉急に、にわかにの意。ここでは蛇の名であるが、その動きのすばやいことから名づけられたものであろう。

〈常山〉今の河北省曲陽県の西北にある山の名。五岳の一つ、北岳恒山のこと。

〈夫れ呉人と越人…〉「呉越同舟」ということばの出典がこれである。仲の悪い同士でも、いっしょに困難な状況のなかに投げ出されると、自然に仲よくして力をあわせるというのである。

〈馬を方べて輪を埋む〉「方馬埋輪」は軍を動かさないことで、陣がためをすることである。

六　将軍の事は、静にして以て幽く、正にして以て治まる。能く士卒の耳目を愚にして、これをして知ることなからしめ、其の事を易え、其の謀を革め、人をして識ることなからしむ。其の居を易え、其の途を迂にし、人をして慮ることを得ざらしむ。帥いてこれと期すれば高きに登りて其の梯を去るが如く、深く諸侯の地に入りて其の機を発すれば、群羊を駆るが若し。駆られて往き、駆られて来たるも、之く所を知るなし。三軍の衆を聚めてこれを険に投ずるは、此れ将軍の事なり。九地の変、屈伸の利、人情の理は、察せざるべからざるなり。

将軍たる者のつとめは、うわべは穏やかでその奥底は窺えず、厳正でよく整っていなければならない。すなわち、巧みに兵士の耳目をくらまして、真の意図を知られないようにし、そのしわざもさまざまに変え、その謀略もしばしば切りかえて、兵士たちに気づかれないようにする。駐屯地も転々と変え、進むときもわざわざ遠まわりの道をとって、行くさきを推測されないようにする。軍を率いて、さてこれに決戦の命令を与えたときには、高みに押し上げておいて梯子をとりはらってしまうような具合にし、深く敵の領地に侵入して決戦にふみ切ったときには、羊の群れを追いやるように軍を思うままに動かす。兵士たちは追いやられてあちこちと往来するが、どこへ向かっているのかはだれにもわからない。全軍の士卒を一つに結集して、彼らを危険な場に投入する、こうすることが将軍たる者のつとめである。この九通りの地勢の変化に応じた処置と、軍の集散の利害と、人情の自然な道理とについては、将軍はよくよく考察しなければならない。

〈機を発す〉機は弩(ど)のひきがねのこと。その弩のひきがねをひいて矢をはなつということから決戦にふみ切ることにたとえる。

〈群羊を駆る〉おとなしい性質の羊の群れを動かすことから、命令どおり軍を思うままに将軍が動かすことにたとえる。

〈九地の変〉九地は、この篇の第一章参照のこと。その九つの地形に応じた変化のこと。

〈屈伸の利〉状況に適応して軍を進めるか、とどまって時機の至るのを待つか、その利害関係がどうかということ。
＊1「深」の上に宋本には「帥いてこれと」とある。上の「帥いてこれと期す…」との重複として『孫子考文』が除いたのにしたがった。
＊2「発」の下に宋本には「舟を焚(や)き、釜を破る」の一句がある。諸本にないのにしたがい除いた。
＊3「此」の下に「謂」の一字が宋本にはあるが、諸本にないので除いた。

七

凡(およ)そ客たるの道は、深ければ則ち専(もっぱ)らに、浅ければ則ち散ず。国を去り境を越えて師ある者は絶地なり。四達する者は衢(く)地なり。入ること深き者は重地なり。入ること浅き者は軽地なり。背(はい)は固にして前は隘(あい)なる者は囲地なり。往(ゆ)く所なき者は死地なり。是(こ)の故に散地には吾将(われまさ)に其の志(こころざし)を一にせんとす。軽地には吾将(まさ)にこれをして属(つづ)かしめんとす。争地には吾将に其の後を趨(はし)らしめんとす。交地には吾将に其の守りを謹しまんとす。衢地には吾将に其の結びを固くせんとす。重地には吾将に其の食を継がんとす。圮(ひ)地には吾将に其の塗(みち)を進めんとす。囲地には吾将に其の闕(けつ)を塞(ふさ)がんとす。死地には吾将にこれを示すに活(い)きざるを以てせんとす。故に兵の情は、囲まるれば則ち禦(ふせ)ぎ、已(や)むを得ざれば則ち闘(たたか)い、逼(せま)らるれば[*1]則ち従う[*2]。

およそ、敵国に進撃した場合の原則は、深く入りこむと味方の軍は固く結束するが、浅いときには散漫になるものである。自国をあとにし国境を越えて軍を進めて戦うところ、それは絶地である。その中で、道が四方に通じているところ、それが衢(く)地、奥深く侵入したところが重地、浅いところが軽地、背後がけわしくて前方のせばまっているのが囲地、ほかに行き場のないのが死地である。だからわたしは、散地では兵士の心を結束させようとし、軽地では軍隊をできるかぎり離散させないようにし、争地では後れた部隊をせきたてていそぎ、交地では自重して守備を固めさせ、衢地では固く諸侯と同盟を結び、重地では食糧の補給を確保し、圮地ではすばやく通り過ぎるようにし、囲地では敵の設けた逃げ道をふさぎ、死地では兵士にとうてい生きのびられないことを覚悟させるようつとめる。もともと兵士の心情というものは、包囲されれば抵抗し、戦う以外に方法がないとわかれば奮戦し、いよいよせっぱつまれば将軍の命令に従順になるものなのである。

〈絶地〉ここでは自国と離れた孤絶の地の意味である。第一章の九地の名目のなかには含まれていない。九地のなかの国外にあるもの、つまり以下の衢地・重地・軽地・囲地・死地の五つの総称であろう。九変篇第二章の「絶地には留まること勿かれ」の絶地とは異なる。

〈囲地には…其の闕を塞がんとす〉九変篇第二章に「囲師には必ず闕き」とあるのは、味方が包囲した場合の処置であるが、ここは逆で、敵によって味方の軍が包囲された場合について述べている。敵によって設けられている逃げ道から、味方の兵士が逃げでて行くことをさけるために、まずそこを味方の手でふさいでしまって、味方の兵士が死力を尽くして戦うようにしむけるのである。

＊1　宋本には「逼」が「過」とある。『孫子国字解』の推定にしたがって改めた。

＊2　この章の全体にかかわることだが、『孫子考文』では「往く所無きは死地なり」までは第一章の異文、それ以下は第四章の異文として削除すべきであるとする。あるいはそのとおりであるかもしれない。

八　是の故に諸侯の謀を知らざる者は、予め交わること能わず。山林・険阻・沮沢の形を知らざる者は、軍を行ること能わず。郷導を用いざる者は、地の利を得ること能わず。[*1] 此の三者、[*2] 一を知らざれば覇王の兵には非ざるなり。夫れ覇王の兵、大国を伐つときは則ち其の衆、聚まることを得ず、威、敵に加わるときは則ち其の交、合することを得ず。是の故に天下の交を争わず、天下の権を養わず、己れの私を信べて、威は敵に加わる。故に其の城は抜くべく、其の国は堕(やぶ)るべし。無法の賞を施(ほどこ)し、無政の令を懸(か)くれば、三軍の衆を犯(もち)うること一人を使うが若(ごと)し。これを犯うるに事を以てして、告ぐるに言を以てすること勿(な)かれ。これを犯うるに利を以てして、告ぐるに害を以てすること勿かれ。これを亡地(ぼうち)に投じて然(しか)る後(のち)に存し、これを死地に陥(おとしい)れて然る後に生く。夫(そ)れ衆は害に陥(おちい)りて然る後に能(よ)く勝敗を為(な)す。*3

こういうわけであるから、諸侯の策謀の手のうちを読みとっていないと、前もって同盟を結ぶことができない。山林やけわしい地形や沼沢地といった地勢を知らないと、軍を進めることができない。その土地の案内人を使わないと、地の利を占めることができない。この三つのうち一つでも知らないことがあるようでは、覇王の軍ではない。そもそも、覇王の軍が、もし大国を討つときには、その大国の兵士たちは集合することができず、もし威圧を敵に加えるときは、敵国は他国と同盟することができない。だから、天下の国々との同盟にも熱意を示さず、天下の権力を一身に集めるための工作にもつとめず、ただ自分の思うままにふるまって、それでもやはり、その威勢は敵国をおおって行く。だからこそ敵の城も陥(お)とせるし、敵の国も滅(ほろぼ)すことができるのである。規定にこだわらない重賞を施し、常法にとらわれない禁令をかかげると、全軍の兵士たちをただ一人の人間を使うように動かすことができる。兵士を働かせるときには、任務を与えるだけにしてその理由を説明してはならない。兵士を働かせるには、有利なことだけを告げて、その不利な面を告げてはならない。軍は滅亡すべき状況に投げこんではじめて存続し、死すべき状況におとしいれてはじめて生きのびるものである。そもそも兵士というものは、危険な状況におちいってはじめて決戦にふみきるのである。

〈郷導〉みちしるべ。案内者。
〈覇王〉諸侯の旗頭(はたがしら)として、武力によって天下の秩序を維持する者を覇者という。天下の支配者の意。
＊1　以上の文は軍争篇第二章にもある。ここで読むほうが意味が通るので、移して読んだ。

＊2　宋本には「四五者」とある。四と五で九地のこととするのが通説だが疑わしい。『孫子考文』は「三者」の誤りとみ、金谷治『孫子』は「此」の一字をその上に補う。いまはこれにしたがう。

＊3　「夫れ覇王の兵…」から以下の文は、一般に尊大で、『孫子』全体の着実慎重な行文と、ややずれている感がある。他国との同盟のことや、「己れの私を信べて」や「無法の賞」や「無政の令」などに特にその感は強い。したがうべきであろう。豊増秀俊『孫子』では、後世に付加された文であろうといっている。

九　故に兵を為すの事は、敵の意を順詳するに在り。并一[＊1]にして敵に向かい、千里にして将を殺す、此れを巧みに能く事を成す者と謂うなり。是の故に政の挙がる日は、関を夷め、符を折きて其の使を通ずることなく、廟の上に厲しくして以て其の事を誅む。敵人開闔すれば必ず亟かにこれに入り、其の愛する所を先にして微かにこれと期し、践墨して敵に随いて以て戦事を決す。是の故に始めは処女の如くにして、敵人、戸を開き、後は脱兎の如くにして、敵人、拒ぐに及ばず。

それゆえ、戦いをするうえで大切なことは、敵の意図をじゅうぶんに把握することである。一丸となって敵にあたり、千里のかなたにうってでて敵将をうちとる、こういう者を戦上手(いくさじょうず)というのである。そこで、宣戦布告の日には、関所を閉鎖し、旅券の発行をやめて使者の往来を禁じ、朝廷・宗廟(そうびょう)に詰めて作戦会議に精励し、戦略・戦術をわりだす。敵が動揺したなら、きっとすばやくその隙(すき)に侵入し、まず敵の大切にしているところに攻撃目標をたてて心に定め、黙々と敵情に対応した行動をとりながら、決戦し、勝敗を決める。こういうわけで、はじめはいわば処女のような風情を装えば、敵は油断して戸を開く。と、そこをいわば脱兎のごとくすばやく攻撃すれば、敵はもはやとうてい防ぎきれるものではない。

〈順詳〉「順」は「慎」の仮借字。慎・詳ともに審の意。つまびらかにし、おしはかること。
〈符〉割り符。旅券のこと。

〈践墨〉墨は墨縄（すみなわ）の意で、「一定の規律に法る（のっとる）」と解釈するのがふつうであるが、『孫子考文』は「墨」を「黙」の仮借とみた。これによって訳した。

〈始めは処女の如く…脱兎の如く〉はじめは少女のようにもの静かで弱々しいが、のちには脱（に）げて走る兎のようにすばやいことで、攻撃のあり方を巧みに表現している。よく日常にも使われることばであるが、これがその出典である。

＊1　宋本には「敵を一向に并（あ）わせ」とあり、「敵を一方向にくぎづけにする」という意味になるが、『孫子考文』にしたがって改めて読んだ。

※この篇と前の地形篇とは、実戦にさいしてどれほど戦場の地形が決定的な要因となるものであるかを説いている。地形篇では主として固定的な実際の地形についていい、九地篇ではその地形に軍隊をおいた場合にもたらされる軍の勢いや全軍への影響関係について論じる。そうした論述を通じて強く心を打たれるのは、孫子の精神の厳しさである。実戦の指導者としての執拗（しつよう）なまでの心配りであり、現実分析の徹底性である。まさにあらゆる条件を考慮し積み重ね、さらにそのうえに指揮官らの人間的資質にまで言及する。すべてが勝利を万全に

するというただ一事に向けられている。

第十二　火攻篇

火を用いて攻撃するさいの五通りの方法や、そのさいの応変の心得を説く。篇名を「火」とするものもある。

一　孫子曰わく、凡そ火攻に五あり。一に曰わく火人、二に曰わく火積、三に曰わく火輜、四に曰わく火庫、五に曰わく火隊。火を行なうには必ず因あり、火を熛[*1]ばすには必ず素より具う。火を発するに時あり、火を起こすに日あり。時とは天の燥けるなり。日とは月の箕・壁・翼・軫に在るなり。凡そ此の四宿の者は風の起こる日なり。

孫子はいう。およそ火攻めには五通りある。第一は兵士を焼くこと、第二は糧食の貯蔵所を焼くこと、第三は輸送中の輜重車を焼くこと、第四は財貨の倉庫を焼くこと、第五は軍道を焼くことである。火攻めをするには必ず条件があり、火を飛ばすには必ず前もってその準備が必要である。火を放つには適当な時があり、火攻めをかけるには適当な日がある。時とは空気の乾燥した時候（おり）のことである。日とは月が箕とか壁とか翼とか軫とかいう天の宿（しゅく）に入る日どりのことである。なぜなら、およそ月がこの四宿にあるときは、風の起こる日であるからである。

〈火隊〉「隊」は『通典』に「墜」とあり、火を敵陣営中に墜（おと）す意と思われるが、ここでは『孫子考文』にしたがって「隧（すい）」すなわち道の意の仮借とみて、桟道などの焼きうちととる。

〈箕・壁・翼・軫〉二十八宿の中の四宿。二十八宿とは天空を二十八の領域に分け、そこに住まっている星座、またその領域をいう。

＊1　原文は「煙火」とある。孫詒譲（そんいじょう）の説にしたがって改めた。

二　凡そ火攻は、必ず五火の変に因（よ）りてこれに応ず。火の内に発するときは則ち早くこれに外に応ず。火の発して其の兵の静かなる者は、待ちて攻むることなく、其の火力を極めて、従うべくしてこれに従い、従うべからずして止む。火、外より発すべくんば、内に待つことなく、時を以てこれを発す。火、上風に発すれば、下風を攻むることなかれ。昼風は久しくして夜風は止む。凡そ軍は必ず五火[1]の変を知り、数を以てこれを守る。

およそ火攻めには、五通りの火の変化に応じて処置が講ぜられなければならない。火の手が敵陣の内部からあがったときは、すばやくそれに呼応して外から攻撃をしかける。火の手があがっても敵陣が静まりかえっているときは、待機して攻めてはならないし、その火勢の消長をみきわめたうえで、攻撃してよければ攻撃し、攻撃すべきでないときはやめる。外部から敵陣に火をかけることのできる状況のときは、陣営の内部から火の手のあがるのを待つまでもなく、その機をのがさずに火をかけなければならない。火の手が風上にあがったときには、風下から攻めてはならない。昼間の風は持続するから攻撃をしかけてよく、夜の風はすぐやんでしまうことがあるから攻撃をしかけないのがよい。およそ火攻めの戦いには、必ずこの五通りの火の変化に対応した処置のあることをわきまえたうえで、秘術を尽くしてこれを行ない守らなければならない。

〈上風に発すれば、下風を攻むる…〉風下から敵を攻めあげて燃えあがってくる火のほうに追いやると、敵は窮寇と化し、死にものぐるいで戦うことになるからである。

〈数を以てこれを守る〉数は技術のこと。時（時候）や日（時期）などを利用する技術をうまく使って、上に述べた処置を確実に行なっていくべきだという意。

＊1 「必」の下に宋本では「有」の字があるが、諸本のないのにしたがって除いた。

三　故に火を以て攻を佐（たす）くる者は明なり。水を以て攻を佐くる者は強なり。水は以て絶つべきも、以て奪うべからず。

そこで、火を攻撃の助けとするのは聡明な知恵であり、水を攻撃の助けとするのは強力な戦力である。水攻めは敵を遮断（しゃだん）することはできるが、敵の城を奪取するまでにはいたらない。

四 夫れ戦勝攻取して其の功を修めざる者は凶なり。命づけて費留と曰う。故に明主はこれを慮り、良将はこれを修む。

そもそも戦って勝ち、攻めて奪取しながら、その戦果を収め整えないでいるのは、凶事のさきがけとなることである。これを費留つまりむだな費用をかけて長逗留するという。だから、聡明な君主はこのことを慎重に行ない、すぐれた将軍はこのことを大事にあつかう。

五 利に非ざれば動かず、得るに非ざれば用いず、危うきに非ざれば戦わず。主は怒りを以て師を興すべからず、将は慍りを以て戦いを致すべからず。利に合えば而ち動き、利に合わざれば而ち止まる。怒りは復喜ぶべく、慍りは復悦ぶべきも、亡国は復存すべからず、死者は復生くべからず。故に明主はこれを慎しみ、良将はこれを警む。此れ国を安んじ軍を全うするの道なり。

利益がなければ軍を動かさず、得るものがなければ軍を用いず、危険にせまられなければ戦うことはしない。君主は怒りにまかせて軍を起こしてはならず、将軍もいきどおりから戦いをはじめてはならない。味方にとって状況が有利であればそこで行動を起こし、不利であればそこで行動をとりやめる。君主の怒りはやがて喜びにも変わろうし、将軍のいきどおりもやがては楽しい心にも変わろうが、ひとたび国が亡んでしまえば再び興すことはできず、死んだ人々も再び蘇(よみがえ)らせることはできないからである。だから、聡明な君主は戦うべきかどうかについては慎重を期し、すぐれた将軍は戦いについてみずから戒めるものである。こうすることこそ、国家を安泰に保ち、軍隊を保全する本道なのである。

※『孫子』は一貫して攻撃を主体とする戦術論を展開する。「火攻」もその一つである。これとは対称的に『墨子』では守禦を主とした戦術を説く諸篇がある。

『墨子』の末尾にある「備城門」から「雑守」までの十一篇がそれである。高い足場から攻めかかる敵に対する防禦法（備高臨篇）、隧道を掘って侵入するいわゆる穴攻めに備える法（備穴篇）、城中に水を貯えておき敵軍侵攻のさいいっせいにこれを決壊して城を守る法（備水篇）などが説かれる。守禦中心になったのは、墨子の思想とも当然かかわってのことであるが、これらの諸篇には、雲梯や轒轀などの当時の新兵器も登場し、技術的な面からも興味を惹くものが多い。

第十三　用間篇

間は間諜（スパイ）のこと。その必要性について、またその形態・機能について述べる。篇名を「間」とするものもある。

一　孫子曰わく、凡そ師を興すこと十万、師を出だすこと[*1]千里なれば、百姓の費、公家の奉、日に千金を費やし、内外騒動[*2]して事を操るを得ざる者、七十万家。相守ること数年にして、以て一日の勝を争う。而るに爵禄百金を愛んで敵の情を知らざる者は、不仁の至りなり。人の将に非ざるなり。主の佐に非ざるなり。勝の主に非ざるなり。故に明主賢将[*3]の動きて人に勝ち、成功の衆に出ずる所以の者は、先知なり。先知なる者は鬼神に取るべからず。事に象るべからず。度に験すべからず。必ず人に取りて敵の情を知る者なり。

孫子はいう。いったい十万の軍を動員して、千里の遠くに出陣することになれば、民衆の支出や公家（おかみ）の出費は、一日に千金も費やすことになり、国の内外ともに大騒ぎとなり、生業を営めなくなるものが七十万家にもなる。こうして二つの国の間で数年間もにらみあいをしつづけたのち、一日の決戦に勝敗を争うのである。それだから、爵位や俸禄や褒美の金を惜しんで、敵の状況を探（さぐ）ろうともしないのは、不仁もはなはだしいものである。それでは人の上に立つ将としての資格はない。君主の補佐役としての資格はない。勝利の主としての資格はない。だから、聡明な君主や賢明な将軍が、軍を動かして敵に勝ち、抜群の戦功をたてる、その理由というのは、あらかじめ敵の内情を探知していることによるのである。あらかじめ探知することは、鬼神の加護によってできることではなく、他の似かよったことがらから類推してできることでもなく、自然界の法則から推察してできることでもない。必ず人の働きに頼ってはじめて敵情は探知できるのである。

〈凡そ師を興すこと十万…〉作戦篇第一章参照。

〈不仁〉この場合は、自国の民衆に対する思いやりに欠けることをいう。
＊1　宋本には「出征」とある。『群書治要』『太平御覧』にしたがって改めた。
＊2　宋本には「騒動」の下に「道路に怠る」の一句がある。『群書治要』『太平御覧』により除いた。
＊3　宋本には「明君」とある。『孫子考文』の校訂にしたがって改めた。

二　故に間を用うるに五あり。郷間[＊1]あり、内間あり、反間あり、死間あり、生間あり。五間倶に起こって其の道を知ることなし。是れを神紀と謂い、人君の宝なり。郷間なる者は、其の郷人に因りてこれを用うるなり。内間なる者は、其の官人に因りてこれを用うるなり。反間なる者は、其の敵間に因りてこれを用うるなり。死間なる者は、誑事を外に為し、吾が間をしてこれを知りて敵に伝[＊2]えしむるなり。生間なる者は、反りて報ずるなり。

そこで、間諜を用いる方法には五通りある。郷間、内間、反間、死間、生間である。この五種の間諜を併用して、敵にはそのしくみが知れないというのを、神秘的な規律といってすぐれた使い方なのである。これは君主の宝とすべきことである。さて、郷間というのは、敵国の村里の人々を使って働かせるものである。内間というのは、敵国の官職についている人物を味方に引きいれて内通させるものである。反間というのは、敵の間諜を手なずけて逆用するものである。死間というのは、わざと偽りの工作をほどこして、それを味方の間諜に教え、敵側に通告させるものである。生間というのは、そのつど帰って来て報告するものである。

〈死間〉虚偽の情報を通告したのであるから、その情報が真実かどうかわかるまでは監禁される。したがって味方が勝ち、その情報の嘘があばかれたときには、必ず殺されてしまうので死間というのである。

＊1 宋本には「因間」とあるが、張預の注によって改めた。
＊2 宋本には「敵」の下に「間」がある。『岱南閣本』によって除いた。

三　故に三軍の親（しん）[＊1]は間より親しきはなく、賞は間より厚きはなく、事は間より密なるはなし。聖智に非ざれば間を用いること能わず、仁義に非ざれば間を使うこと能わず、微妙に非ざれば間の実を得ること能わず。微なるかな微なるかな、間を用いざる所なし。間事未だ発せざるに而も先ず聞こゆれば、間と告ぐる所の者と、みな死す。

そこで、全軍の中では、間諜が最も将軍に親密であり、褒賞も間諜が最も多く、任務も間諜が最も機密を要する。なみはずれた知恵者でなければ、間諜を利用することはできず、人情も義理もわきまえた人物でなければ、間諜を使いこなすことはできず、ゆきとどいた心くばりを持たぬ者には、間諜の報告から真実を引きだすことはできない。なんと微妙なことよ、どんな局面にも間諜は用いられるのである。しかし、間諜のもたらした情報がまだだれにも知らされていないはずなのに、外から耳に入ることがあれば、そのときにはその間諜と、それを知らせてきた者とを、ともに死罪にするのである。

＊1　宋本には「事」とあるが、『通典』『太平御覧』によって改めた。

四　凡そ軍の撃たんと欲する所、城の攻めんと欲する所、人の殺さんと欲する所は、必ず先ず其の守将・左右・謁者・門者・舎人の姓名を知り、吾が間をして必ず索めてこれを知らしむ。

およそ、撃とうと思う軍や、攻めようと思う城や、殺したいと思う人物については、必ず守備の将軍・側近・侍従・門衛・宿衛の役人の姓名をまず知って、味方の間諜にさらにそれらの人物についてくわしく探索させる。

五　敵間の来って我を間する者あらば、*1因りてこれを利し、導きてこれを舎めしむ。故に反間得て用うべきなり。是れに因りてこれを知る。故に郷間・内間、得て使うべきなり。是れに因りてこれを知る。故に死間、誑事を為して敵に告げしむべし。是れに因りてこれを知る。故に生間、期の如くならしむべし。五間の事は主必ずこれを知る。これを知るは必ず反間に在り。故に反間は厚くせざるべからざるなり。

敵の間諜でわが国にでむいてきて探っている者があったならば、つけ入ってこの者に利をくらわせ、うまく誘ってひきとめ、こちらにつかせる。こうして逆間諜として使うことができるのである。この寝返った敵の間諜によって敵情がわかる。だから、この情報にもとづいて郷間や内間を使うことができるのである。この逆間諜によって敵情がわかる。だから死間を使って偽（にせ）の情報をつくり、敵に告げさせることもできるのである。この逆間諜によって敵情がわかる。だから生間を計画どおりに働かせることができるのである。これらの五種の間諜がもたらす情報を、君主は必ず聞く。このように敵情を探るうらには必ず逆間諜の活躍がある。だから、逆間諜はぜひとも厚遇しなければならないのである。

＊1　宋本には「必ず敵人の間来たって我を間する者を索（もと）め」とある。『通典』『太平御覧』によって改めた。

六　昔、殷（いん）の興（おこ）るや、伊摯（いし）、夏（か）に在（あ）り。周の興るや、呂牙（りょが）、殷に在り。故に惟明主賢将[*1]のみ能く上智を以て間者と為して、必ず大功を成す。此れ兵の要にして、三軍の恃みて動く所なり。

むかし、殷王朝が勃興したとき、伊摯が間諜として夏の国に入りこんでいた。周王朝が勃興したとき、呂牙が間諜として殷の国に入りこんでいた。だから、聡明な君主や賢明な将軍だけが、はじめてすぐれた知恵者を間諜に仕立て、偉大な功績をなしとげることができるのである。この間諜こそ戦争のかなめとなるものであり、全軍が行動の頼りとするものである。

〈夏・殷・周〉古代の三王朝、夏は聖王の禹にはじまり、暴君の桀に終わり、殷は桀をたおした湯王にはじまり暴君の紂に終わり、周の聖王文王の子の武王が紂をたおした。殷と周の交替は、およそ紀元前一一〇〇年ごろとされ、周の滅亡は、やがて紀元前二二一年の秦の始皇帝の統一にうけつがれる。

〈伊摯〉殷の湯王から三代にわたって活躍した建国の功臣、伊尹のこと。摯はその名、尹は官名。

〈呂牙〉周の武王を助けて殷王朝をたおし、そののち斉に封ぜられた建国の功臣、太公望呂尚のこと。

＊1　宋本には「明君」とある。『通典』『太平御覧』によって改めた。

※賢者を間者に仕立てるというのがこの章の主旨であるが、悪人を利用して内部から崩壊させる方法もまたある。『韓非子』に、「文王、費仲に資して紂の旁に遊ばせ、これをして紂を諫（間）して其の心を乱さしむ」という。費仲というのは、紂に仕える無道の臣である。この者に文王は資金を供与して紂の放埒にいっそうの拍車をかけさせ、滅亡への道をたどらせたという。『孫子』十三篇は、以上の用間篇で終わるが、その構成はおよそ次のように考えられる。まず第一の計篇から作戦、謀攻にいたる三篇は、『孫子』の戦争論の序説と総論。つづく形、勢、虚実の三篇は、戦術原論。第七の軍争から九地にいたる五篇は、実戦論。そして実戦論の補遺ともなり全篇の結びともなる火攻と用間。こうみてくると『孫子』は、かなりに構成的体系的な意図をもった戦争論であるということができる。

「孫子」解説

町田三郎

『孫子』は十三篇から成るが、その全体の構成は、最初の計篇が序論、それを含めた謀攻篇までの三篇が総論、形篇第四から虚実篇第六にいたる三篇は戦争の一般的規定を述べる戦術原論、第七の軍争篇からは各論で、具体的な状況設定の下での戦術が九地篇までの五篇、その補遺として火攻・用間の二篇が最後につく。さらに大別すれば、計篇から虚実篇までの前半六篇が戦略論で、軍争第七以下の後半七篇が戦術論ということになる。ただ戦術論といっても概して一般論で、特殊個別的な戦術・戦法というのにはほど遠い。要するに『孫子』は全篇が戦略論であると括ってよいのである。

『孫子』は開巻の計篇冒頭にこう宣言する。「兵とは国の大事なり。死生の地、存亡の道、察せざるべからざるなり」。戦争は国民の死活、国家の存亡がかかる重大事である。このことを熟察し、軽々しく行動してはならない。この立場こそ『孫子』全篇の基調である。戦争は嫌いだといっても避けられない場合もある。孫子はいう。「凡そ用兵の法は、国を全うするを上と為し、国を破るはこれに次ぐ」(謀攻篇一章)。自国の保全こそ第一なのである。戦えば勝つにしても必ず犠牲があり、戦費もばかにならない。そこで戦わずして勝つ方法、すなわち戦略も生まれる。「是の故に百戦百勝は善の善なる者に非ざるなり。戦わずして人の兵を屈するは善の善なる者なり」(同上)。

孫子は戦争の重大さを経済の面からも指摘する。「およそ戦争の原則は、戦車千台、輜重車千台、武装の兵十万で、千里の外に出兵し食糧を輸送するというときには、内外の経費、賓客への進物の費用、膠(にかわ)や漆(うるし)のはてから、戦車・甲冑の供給など、一日に千金を費やして、はじめて十万の軍を動かせるのである」(作戦篇一章大意)。一日に千金を費消する戦争を長く続けることはできない。国民は窮乏し失業者は急増する。当然国家も疲弊する。道家の思想の書『老子』も「大軍の後、必ず凶年あり」(三十章)と喝破する。

『孫子』十三篇は兵書のもっとも秀れたものとして、後世武事を論ずる者の教典とみなされ、中国およびわが国において広く学ばれ、注釈書も数多く現れた。

現存する最古のものは、『魏武注孫子』三巻で、注釈そのものは簡単であるが、武帝すなわち曹操の実戦体験からのコメントもあって味わい深い。ついで宋の吉天保(きってんほう)の揖禄による『十一家注孫子』がある。この書は魏の曹操、唐の李(り)筌(せん)ら十一家の注を一書にまとめていて便利である。他に明の劉寅(りゅういん)の『武経直解』十三巻がある。

わが国でも平安時代から読まれていたが、注釈書の出現は江戸時代を待たねばならない。山鹿素行に『七書諺義(げんぎ)』十三巻がある。七書とは『六韜(りくとう)』『孫子』『呉子』『司馬法』『三略』『尉繚子(うつりょうし)』『李衛公問対』の七兵法書である。また荻生徂徠に『孫子国字解』があり、邦人の注釈書中出色のものとしてとくに評価が高い。

『孫子』第一章の「兵者詭道也」はふつう「戦争は相手をいつわり騙すこと」と訳す。誤りではない。ところが徂徠は「軍の道はとかく手前を敵にはかり知られず、見すかされぬ様にして千変万化定まりたることなきを、軍の道とするなり。されば敵よりは是をたばかると思うゆえ、いつわりとも訓ずるなり」という。見事な訳であり解説である。徂徠の意を体して訳せば「戦争とは千変万化の態勢をとることなり」となる。この部分に限らず、『孫子国字解』における徂徠の読みの深さ実証の堅実正確さには圧倒されるものがある。

さて、それではこの『孫子』の作者は誰なのか？

『史記』の孫子伝によると、春秋時代に呉王の闔廬（こうりょ）（前五一四～四九七在位）に仕えた孫武に「十三篇」の兵法書があり、孫武から百五十年ほどのちの戦国時代に斉の孫臏（そんぴん）も兵法を学び「兵法の書」を伝えたとある。

また戦国末の『韓非子』には商鞅・管子の書と対の形で、「境内みな兵を言い、孫・呉の書を蔵する者、家ごとにあれども兵いよいよ弱し」（五蠹（ごと）篇）とある。ただ孫呉の書というのみで、孫武なのか孫臏なのか不明であるが、孫子の兵法書がこの頃広く世間に流布していたことは知られる。

中国の最初の図書目録である前漢末の劉歆（りゅうきん）の『七略』、今は『漢書』の芸文志によって伝わっているその目録に、孫武と孫臏は、

呉孫子兵法八十二巻、図九巻（師古曰く孫武なり）
斉孫子兵法八十九巻、図四巻（師古曰く孫臏なり）

と、「呉の孫子」「斉の孫子」の二種の兵法書として、しかも大部の書として記録されている。

ところが次の時代の図書目録である『隋書』経籍志、つづく『旧唐書』経籍志では、「斉孫子」あるいは孫臏の名は全く見えない。要するに孫臏の兵法書は、後漢末くらいに亡失し、以降はもっぱら孫武の書が魏の武帝すなわち曹操の注とともに『魏武注孫子』として伝承されるのである。しかし後代の学者は、この『孫子』の内容がより戦国的だとしつつ孫武の著述とする見解に疑問を呈してきた。

一九七二年四月、山東省臨沂（りんぎ）県の漢墓から兵書の竹簡が多数出土し、整理されて『銀雀山漢墓竹簡・孫子兵法』と『銀雀山漢墓竹簡・孫臏兵法』の二冊として刊行された。その内容は三つに大別される。

①現行本『孫子』とほぼ同じ内容の十三篇、および孫武と関わる「見呉王」

「呉問」等の五篇
②斉の孫臏と関わる「擒龐涓」「見威王」等の五篇、および「孫子曰」を冠する「纂卒」「月戦」等の十篇
③「孫子」の名が冠せられず孫武・孫臏との関わりも明確でない「十陣」「客主人分」等の十五篇

中国の学会では、①を「孫武の兵法」、②と③を「孫臏の兵法」とまとめ、今の『孫子』とほぼ同じ内容の①の十三篇は、べつに孫臏と関わる兵書が出てきた以上、孫武の自著であることは明白で、従来からの『孫子』十三篇の著作問題はここに決着したと断じた。

しかしことはそれほど簡単ではない。問題は今の『孫子』と同内容の十三篇は、一方で孫臏の名を冠した兵法書が出土したとしても、内容が同じである以上、今本『孫子』の著作年代に関してもたれている疑問をひとしく共有するわけで、その疑問の一つを清の姚姫（ようき）伝はこう指摘する。「左氏（伝）は闔廬の事をのべて孫武なく、太史公は列伝を作り、武は十三篇を以て闔廬に見ゆという。

余之を観るに呉客孫武なる者はあらんも、十三篇は著わす所に非ず、戦国兵を言う者これを作りて武に託せるのみ」。その理由は「春秋のとき、大国兵を用うるも数百乗に過ぎず、未だ師十万を興せるものあらざるなり。況や闔廬においておや」（惜抱軒文集五）。

こうした指摘に十分な解答がなされない限り、新出の孫子十三篇、また現行の『孫子』を孫武の作と断定することはできない。軍備や兵力さらに経済力などを考慮すれば、斉や秦といった大国が争い合う戦国社会を背景とする孫臏説を有力視せざるをえないのである。

『孫子』十三篇と『孫臏兵法』との先後関係はどうなっているのであろうか？『孫子』は「兵は国の大事」とし、国家の保全を第一として戦わずに勝つ戦略を主として説くが、『孫臏兵法』は戦争は不可避であり、むしろ戦争や軍事力によってこそ争奪は抑止できるという。戦争を肯定する以上、戦術・戦法はいっそう工夫され研究されなければならない。そこで錐行・雁行・選卒力士などの戦術がいわれ（威王問篇）、陣法についても「方陣・円陣・疏陣・数陣・錐行・雁行・鉤行・玄襄・火陣・水陣」の十陣をあげる。それぞれに利点があり、方陣は敵の布陣を分断するによく、円陣は敵の侵入を阻止する態勢だという（十陣篇）。もともと『孫子』では攻城を下策とするが、『孫臏兵法』では「撃つべき牝城」と「撃つべからざる雄城」とに区別して、一概に攻城を不可とはしない（雄牝城篇）。明らかに『孫子』より一歩進んだ戦術論である。

一体に『孫子』の文章は短文であるが、『孫臏兵法』は長文で説明的である。また『孫臏兵法』は、敵と味方、主と客、衆と寡といった相対する両面を考慮して一面的でない。この点は『孫子』の「彼を知り己れを知れば百戦して殆うからず」（謀攻篇）というのに共通する。しかし「敵人衆ければ能く寡からしむ」（善者篇）というような衆を寡に転じる積極性や、多数の敵に対抗する手だてもある（威王問篇）とする戦術は、『孫子』にはない。『孫子』は「少なければ則能ちこれを逃れ、若かざれば則能ちこれを避く。故に小敵の堅は大敵の擒なり」（謀攻篇三章）といたって消極的で、『孫臏兵法』とは大いに懸隔がある。

こうみてくると『孫子』は軍事の中心的な問題、すなわち政治戦略こそが主で、『孫臏兵法』は基本的には『孫子』の立場を祖述しながらも戦争の技術的・戦術的な面に力点をおいて詳述し『孫子』の兵法をいっそう合理的具体的に展開したということができる。

以上の点から察するに、戦国時代を背景にした孫臏による『孫子』十三篇がまずあり、漢墓出土の『孫臏兵法』はその後学たちによる述作であるということができるだろう。

『孫子』あるいは『孫臏兵法』は今後ともいっそう研究がすすめられるであろう。ただその研究はいつも「兵法書」という狭い範囲に局限され、ただ武事だけの書として扱われている。しかし実はそうではない。たとえば『老子』の書との親近性、あるいは遊説の徒の必読の教養書とみるならば、これらは本来社会思想史の一環として読み込まれ研究されねばならないものである。そうした研究が待たれてならない。

あとがき

仙台駅前の大通りを北へ進むとほどなく花京院の街に出る。さらに北へ歩いた右手に瀟洒な旅館白雲荘がある。昭和四十一年の秋である。このとき中央公論社は「世界の名著」のシリーズを企画し、その一冊に『諸子百家』が入っていた。この巻は東北大学の金谷治先生の責任編集で、墨子・孫子・荀子・韓非子が予定され、金谷門下がそれぞれを担当する仕組みであった。当時私は東北大の教養部講師で、「孫子」と「韓非子」の一部を担当した。ようやくの思いで訳了し、分担の原稿を持ち寄って最終的な調整を、上記の白雲荘で行うこととなった。いわゆるカンヅメである。原稿に目を通された金谷先生は、「さらに検討するように」とおっしゃった。

もともと「孫子」十三篇の分量はそう多くはない。訳註ともどもで原稿用紙百枚を超える程度である。そこで図版その他で世話になった研究室のI君を別室に誘い、第一章から声に出して読んでもらうこととした。書き下し文も訳文も、結局耳に抵抗のあるものは、間違いか少なくとも良い文章ではない。気になる箇所は何べんも読んでもらい、あれやこれや考え、また読んでもらった。修正のたびに少しずつ文章が練れていくのが実感された。百枚少々の訳註だが、この作業はずいぶん時間がかかった。それでも自得するところ大であった。良い経験であった。今も、そんな日の白雲荘をときおり思い出す。

『世界の名著　諸子百家』から分立して『孫子』が中公文庫の一冊として世に出たのは昭和四十九年のことであったが、この度、中公文庫編集部からの申し出により、同文庫の戦略論シリーズの一冊として、装いも新たに版を改めることとなった。これによりさらに多くの読者諸氏の閲するところとならんことを冀うばかりである。

二〇〇一年十月

町田三郎

呉子

『呉子』の世界

尾崎秀樹

『呉子』は、戦国初期（今から二千数百年前にあたる）に、楚の国の宰相となった呉起の言葉を収録した兵書である。『孫子』とともにひろく読まれ、戦国末期には「家ごとに孫呉の書を蔵す」（韓非子）といわれるほどであった。

もっとも戦国末期に読まれた『孫子』『呉子』が、今日伝えられているものと同一だとはいえない。後漢の班固がまとめたはじめての図書総目録『漢書芸文志』によると、「呉孫子兵法八十二篇」「斉孫子八十九篇」「呉起四十八篇」と記載されていて、現在の六篇より、数がかなり多い。とすると残りの四十二篇は散佚したのであろうか。それとも一旦散佚したものを、六篇に再編集したのであろうか。その間の経過も推測を出ないが、ともかく今日、私たちが読むことのできる『呉子』は、上下二巻に分れ、それぞれ三篇ずつの計六篇で構成されている。

第一篇の「図国(とこく)」は、戦争論の大前提として、まず国政を正すことを論じた重要な一篇で、戦争の種類に応じた用兵の原則を述べている。人の和を重視し、戦争の原因を考察するあたりは、『孫子』なども共通した考えだ。

第二篇の「料敵(りょうてき)」は、敵情を冷静に分析し、魏(ぎ)をとりまく情況とその対応策をのべるとともに、戦って勝てる敵か、そうでないかの判断は、結局は自分以外にないと説いている。第三篇の「治兵(ちへい)」は、軍を統率する原則を語っており、兵士たちが戦いやすい条件をつくってやることこそ第一だとする。

第四篇の「論将(ろんしょう)」は、将軍としての資格や要件、敵将の能力の見分け方や対応などについて述べている。つづく第五篇の「応変(おうへん)」は、戦場での臨機応変の処置を具体的に語っており、最後の「励士(れいし)」は、士気を鼓舞するにはどうすれば良いかを物語っている。この「励士」篇は、他の諸篇とはことなり、物語り形式を採用しているあたりも、興味をひく。

では、呉起とはどういう人物だったのか。その伝記は、『史記』巻六十五の「呉起伝」にくわしい。それによると、呉起は衛(えい)の国（河南省南部）の人で、孔子の高弟だった曽子に学び、山東省南部の魯の国の君主に仕えたという。呉起が魯に仕えていた頃、斉が攻めてきた。魯では呉起を将軍に起用して事に当らせたいと考えたが、呉起の妻が斉の出身であるため、内通するのではないかという疑いも持たれた。

名を挙げる絶好の機会だと思った呉起は、その妻を殺害し、身の証しを立てた上で、将軍に任命され、大いに斉の軍を撃破した。

ところが彼の声望があがると、今度はそれをねたむ者も現われ、中にはあしざまに告げる者もいた。

――呉起の人柄には、猜疑心が強くて酷薄なところがある。彼の家はかなり裕福であったが、諸国を遍歴して仕官しようとしながら不首尾におわり、最後には家産を傾けてしまった。郷里の者たちが、それを嘲笑すると、呉起はその人たち三十余名を殺して衛の国を去った。

母と別れる際、彼は大臣にならなければ二度と我が家の敷居をまたがないと誓った。曽子の門に入った呉起は、やがて母親がなくなっても葬儀にもどらず、それがもとで曽子に破門された。

そこで呉起は魯の国に来て、兵家として主君に仕えるようになったが、疑惑の眼で見られると、とたんに妻まで殺す残忍さがある。魯は小国なのに、なまじ戦さに勝ったなどと評判が立とうものなら、かえって諸国からねらい撃ちされるにちがいない。もともと魯と衛とは友好的な間柄だった。それが呉起を起用したことでまずくなるおそれさえある……。

人々はこう告げ口した。そこで魯の君主は呉起を採用することを思いとどまった。呉起はやむなく魯の国を去り、今度は魏の文侯に仕えようと考えた。

文侯は側近の李克に、呉起の人柄について下問した。李克は、呉起は欲が深く、おまけに好色だが、兵を動かすことにかけては、斉の司馬穰且さえ及ばぬほどだと答えた。

それで魏の文侯は、呉起を将軍とし、秦の国を攻めて五つの都城を葬った。その間、呉起は兵卒と同様な暮しにあまんじ、苦難をともにした。腫物で苦しむ兵卒の膿をすすってやるほどだった。

それを聞いた兵卒の母親は、声をあげて泣き、あの子の父親は将軍がはれものの膿をすってくれたのに感激して、戦場で勇敢に闘い戦死してしまったが、今度も将軍が息子の膿をすってくれたので、どうなることかと心をわずらわして泣いていたのだと答えた。

文侯はこのように人望のあつい呉起をすっかり信頼し、西河（陝西省、黄河の西部一帯）の太守に任じ、秦、韓などへのそなえを固くした。

だが魏の宰相にえらばれたのは呉起ではなく田文だった。それを不満に思った呉起は、田文に武勲くらべをもちかけた。

「全軍の指揮官となって、士卒がよろこんで死地におもむき、敵の手が出せないようにさせる点で、どちらがすぐれているだろうか」

「もちろん貴殿だ」

「多くの官吏を取りしきり、万民を親和させ、国富を豊かにする点ではどうだろう」

「もちろん貴殿だ」

「西河の地を守り、秦の野望をおさえ、韓や趙の国々を服従させる点ではどうどうしてであろう」

「以上三つの点で、貴公は私より劣っていると認めた。しかし位が上なのはどうしてであろう」

「主君は若く、家臣たちも心服せず、人民の信用もまだ十分でない、そのような時に国政をゆだねられるのは、貴殿か、それともこの私だろうか」

呉起はしばらく黙って語らなかったが、やがて「貴公にまかせることになろう」と答えたという。

田文の死後、公叔が宰相の地位についた。公叔の妻は魏の公室の女だった。それで呉起の存在にこだわっていた。どうすれば呉起を排除できるか、考えあぐねていると、下僕がそっと耳打ちした。

——呉起は貞節で清廉潔白であることを誇りとしています。そこで御主君にこう申しあげてはどうですか、呉起はすぐれた人物だし、魏の国にいつまでもとどまっているつもりはないかもしれません、それを私はひそかに案じているのです、と。そうすればきっと御主君はどうしたものだろうかと御下問になるにちがいありません。そこでこうおっしゃるのです。公室の女を嫁にやるといって気をひいてみてはどうでしょう。魏の国にとどまる気があれば受けるでしょうし、去るつもりであれば断るはずです。さらに呉起を邸に招き、夫人が公叔さまを冷たくあしらうさまをわざと見せれば、きっと断わってくるにちがいありません。

はたして呉起は、この縁談をことわり、武侯もまた彼に疑いを抱いて、信用しなくなった。そこで呉起は罪されるのをおそれ、魏を去って楚へむかった。楚の悼王は、かねてから呉起の噂を伝え聞いていたので、早速、宰相に任じた。呉起は法令を整備し、不急不用の官職を改め、一部の公族を整理して剰費を兵士たちの待遇改善にまわした。

こうして南方の諸部族を平定し、北方の陳（ちん）や蔡（さい）を合併し、三晋を退け、西方では秦を討つなど、大いに国威をたかめた。それで諸国は楚の強大さに脅威を感じ、楚の公族たちの一部には、呉起を憎むものも現われた。

呉起を信任した悼王が没すると、楚の一族や重臣層はクーデターをおこして呉起を攻め、王の遺体のかげに隠れた彼に矢を射かけた。その矢は悼王の遺骸をもつらぬいた。

悼王の葬儀がおわり、太子が即位すると、宰相に命じて呉起を射た者すべてを死刑にし、その一族でみなごろしとなった家は七十余に達した。

楚の悼王の死は西暦紀元前三八一年である。したがって呉起は紀元前四世紀の初頭に活躍した人物ということになる。春秋戦国時代は氏族制がくずれ、封建制から郡県制へと移行してゆく時代にあたっている。この過渡期に中央集権化を押しすすめた国は強大となり、むかしながらの制度を墨守した国は弱化し、歴史の檜舞台から去っていった。

春秋時代に百余を数えた諸国は、相つぐ戦乱によって統合、併呑、討滅をくり返し、戦国期の約二百年間に七大強国に整理され、やがて秦によって統一されることになる。しかも単に政治的な激動期だっただけでなく、経済・文化の諸方面にも一大変革がもたらされ、生産力の発展、人口の増加は、戦争の諸形態まで改めていった。

たとえば武器のめざましい発達がまずあげられる。春秋時代は、銅製の戈や矛、剣や戟が主であったが、それが鉄製のものと変り、性能もいちじるしくよくなる。弓矢にかわって弩が登場したのも画期的だった。春秋時代には馬にひかせた兵車を敵、味方ぶつけあって戦ったが、戦国時代に入ると、騎馬兵や兵団を駆って大規模な野戦が展開されるようになり、兵力の数も数万から数十万に飛躍的に増大した。

この一大変革期には、諸子百家とよばれる多彩な思想家たちが登場し、兵家もまたその一つとして、重用される。『孫子』『呉子』『尉繚子（うつりょうし）』『六韜（りくとう）』『三略』『司馬法』『李衛公問対（りえいこうもんたい）』などの武経七書は、成立の時期こそ漢—唐代だが、その元になっている諸逸話、事蹟はいずれも戦国時代のものであり、各国を遊説し、官を求める兵家も少なくなかったことが想像される。

もともと春秋時代には、諸侯みずから陣頭に立って指揮することが多かったが、戦国時代に入って、戦いの規模も、動員の兵力も多くなれば、軍事的な専門家が求められ、その指揮にゆだねられるのは当然である。孔子と同時代の孫武、孟子とほぼ同じころの孫臏（そんぴん）、戦国初期の呉起などの兵家の活躍は、それなりの必然性に立つものだった。

孫武は斉の出身で、春秋末期に呉の闔閭(こうりょ)に仕え、将軍となった。孫臏は戦国中期、斉の威王に仕えた。呉起は戦国初期に楚の宰相をつとめている。それぞれの時代の経験が基盤になって『孫子』『呉子』が編述されてゆくのはいうまでもないが、『呉子』では内容的に呉起の時代より後の、戦国末期から漢初に到る資料をふくんでおり、それらのことから『呉子』の成立は、呉起の事蹟を慕う兵家の一派によって、呉起の言葉とされるものがいくつか伝承され、戦国末期に一応のまとまりを持ち、さらに漢初あるいは前漢末に集大成されたとみる考えもある。

しかし『呉子』を『孫子』の亜流とするのはあたらない。この両著は根底になるものが異なっているのだ。たしかに『呉子』には『孫子』にみられるような思想的深まり(戦争そのものに対する思想的反省)は感じられない。すべてが実戦上の配慮に立って語られている。その点では『孫子』に一歩ゆずるものがあるが、生き方としては呉起のほうが孫子にくらべて、はるかに生生しく、ドラマ性に富んでいる。

その意味では『呉子』の魅力は、呉起その人の足跡に照らして、はじめて生動するものがあるといえるかもしれない。

郭沫若は『十批判書』（邦訳名『中国古代の思想家たち』）の中で、呉起の業績にふれ、その不幸は悼王の死があまりに早かったことにある、もし悼王の死が遅れて、五年あるいは十年の期間が呉起にあたえられていれば、すべてが安泰となり、秦の基礎を築いた法家である商鞅にも劣らぬ功績を認められたかもしれない、呉起の覇業が楚国で成功していたら、中国を統一するという功業もまた秦人の手に帰すことはなかったであろう、と評価しているくらいだ。

しかし現実には呉起は、出世のために母の葬儀にも参列せず、妻をも手にかけるほどの権力亡者のようにいわれ、非情の兵家とみなされてきた。司馬遷は「呉起は刻薄残暴、ために、わが身を亡う」と書きとめている。

だが呉起は、単なる立身出世主義者でもなく刻薄な非情の人でもなかった。魏の武侯（文侯の子）とともに西河の川を船で下る途中、武侯が山河の固めを魏の国宝だというと、呉起は国の固めは徳であって、地勢の険阻ではないと説いた話が伝えられている。それは「図国」篇で、戦争にうったえる前に、まず政治を正すことを説き、和してしかるのちに大事をなすよう述べているあたりにも読みとれるが、呉起はむしろストイックな性格の持主で、世襲的な支配を排し、法制を整えることで、より新しい国づくりを策した点で、法家思想の先駆的存在であったとみるべきだろう。

『孫子』と並んで『呉子』が、現代の経営戦略などの宝典とされるいわれは、これらの書物が、単なる戦争技術の本でないところからきている。表面的には、戦略・戦術、つまり武のあり方を説いていても、その基底には、人間を見る普遍的な認識がある。激動の時代を生き抜く人間の探求書なのだ。

乱世に生きた思想家（兵家もふくめて）には、多少の差はあれ、戦争を罪悪とみる反省があり、その倫理的意識が、戦争を語りながらも、好戦的にならず、平和への悲願を裏に秘めていたことも見落としてはなるまい。

現代人が春秋・戦国の激動を生きた兵家の書を、何らかの指針として今日読み返す気持の底には、そういった欲求が動いているというべきだろう。

序章

呉起、儒服して、兵機を以て魏の文侯に見ゆ。

文侯曰く、「寡人軍旅の事を好まず」と。

起、対えて曰く、「臣、見を以て隠を占い、往を以て来を察す。主君、何ぞ言と心と違える。今、君、四時に、皮革を斬離し、掩うに朱漆を以てし、画くに丹青を以てし、爍かすに犀象を以てせしむ。

冬日に之を衣れば則ち温かならず、夏日に之を衣れば則ち涼しからず。長戟の二丈四尺なる、短戟の一丈二尺なるを為り、革車戸を掩い、輪を縵し轂を籠す。之を目に観れば則ち麗わしからず、之を田に乗れば則ち軽からず。

識らず主君安くにか之を用いんとする。若し以て進戦退守に備えて、而も能く用うるものを求めずんば、譬えば猶伏鶏の狸を搏ち、乳犬の虎を犯すが如く、闘心ありと雖も、之に随わば死せん。

昔、承桑氏の君は、徳を修め武を廃して、以て其の国家を滅ぼし、有扈氏の君は、衆を恃み勇を好んで、以て其の社稷を喪いき。

明主は茲を鑒みて、必ず内には文徳を修め、外には武備を治む。故に敵に当りて進まざるは、義に逮ぶことなく、僵死にして之を哀れむは、仁に逮ぶことなし」と。

是に於て文侯、身自ら席を布き、夫人、觴を捧げて、呉起を廟に醮し、立てて大将となし、西河を守らしむ。

諸侯と大いに戦うこと七十六、全勝は六十四、余は則ち均しく解く。

土を四面に闢き、地を千里に拓く。皆、起の功なり。

魯の国を去った呉起（子）は、儒者の着る衣服を身にまとい、兵法の極意を伝授することを標榜して、魏の文侯に面会した。

文侯はいった。

「私は、戦争を好まない」

　呉起は答えた。

「私は、外に表われたことで内に秘められた動きを見ぬくことができますし、過去の出来ごとから未来を予見することも可能です。御主君よ、あなたはどうして心にもないことをおっしゃるのですか。

　このところ、御主君は、職人たちに季節をとわず、何をつくらせておられるのです。獣の皮をはいで、朱や漆でかため、彩色をほどこし、犀（さい）や象など猛獣の絵を描かせておられるではありませんか。

　冬の日にこんなものを着ても、少しも温かくはありませんし、夏の日に着たところで、少しも涼しくはなりません。

　さらに長いもので二丈四尺、短いもので、一丈二尺もの戟（ほこ）をつくり、おまけに大きな兵車らしきものを作って、車輪やこしきまでも皮革でおおう装備をしていますが、これは見た目にも美しいとはいえませんし、狩猟の際に用いても軽快ではありません。

　いったいあなたは、これらのものを何にお使いになるおつもりなのですか。

いうまでもなく非常事態に備えてのことでありましょう。進撃や防禦の準備をしておきながら、それらの道具を適切に使いこなす人材がいなくては、あたかも卵をあたためている牝鶏が野良猫に抵抗し、子に乳をふくませている犬が、虎に立ち向うようなものです。

戦意だけあっても、けっきょくは自殺行為に等しいものです。

むかし、諸侯のひとりであった承桑(しょうそう)氏は、徳を重んじて武備を廃したため、国を滅ぼしてしまいましたし、有扈(ゆうこ)氏は兵力の数をたのみとして、武勇を好んだため、国家を失う結果となりました。

聡明な君主は、これらの教訓に学び、内には文徳をおさめ、外には武備をととのえるものです。敵が攻めてきても、戦争は正義に非ずとして、進もうとしないのは、義とはいえませんし、戦死者の屍(しかばね)を見て悲しんでいるだけでは、仁とはいえません」

その言葉に感動した文侯は、みずから呉起のために席を設け、夫人が盃をささげもち、祖廟(そびょう)で儀式を取り行って、大将の位につかせた。

秦との国境に接した西河の地の守備にあたった呉起は、七十六回におよぶ大きな戦いで、六十四度も完全に勝利し、残りは引きわけという好成績をおさめた。

魏の国が領土を四方に拡げ、千里先までを版図とし得たのも、すべて呉起の功績であった。

第一篇　図　国　（国について考える）

一

呉子曰く、「昔の国家を図るものは、必ず先ず百姓を教えて、万民を親しむ。

四つの不和あり。国に和せざれば、以て軍を出すべからず、軍に和せざれば、以て陣を出すべからず、陣に和せざれば、以て進んで戦うべからず、戦に和せざれば、以て勝を決すべからず。

是を以て有道の主は、将に其の民を用いんとすれば、先ず和して後に大事を造す。敢て其の私謀を信ぜず、必ず祖廟に告し、元亀に啓い、之を天時に参し、吉にして乃ち後挙ぐ。

民、君の、其の命を愛し、其の死を惜むこと、此の若く至れるを知りて、之と難に臨めば、則ち士、進んで死するを以て栄と為し、退いて生くるを辱と為す」と。

呉子はいわれた。

「むかしから国家を治めようとする者は、かならず臣下を教育し、人民と親しむことを第一に考えたものだ。

　軍事上の問題でも同様で、団結をみだすものとして四つの不和がある。それは国内の不和、軍隊内部の不和、部隊どうしの不和、兵士間の不和である。

　国内がまとまらなければ、軍隊を派遣することができないし、軍隊が団結しなければ、兵士を戦闘配置につけることができない。さらに陣営がまとまらなければ進撃はおぼつかないし、兵士たちが和合しなければ、勝利をおさめることもできない。

　したがって道理をわきまえた君主は、民衆を戦争にかりたてる場合には、まず第一に和合をはかった後に、はじめて事をおこす。独断専行することなく、かならず祖先の霊廟に報告し、亀甲を焼いて占い、自然の理にかなっているかどうかを考え、吉ときまってはじめて行動をおこす。

人民はこれらの慎重な振舞いを見て、君主がこんなにも自分たちの生命を大切にし、死を惜しんでくれるのかと感じ入るに違いない。そこで国難に当れば、兵士は戦死することを名誉だと考え、退却して生きながらえることを恥とするであろう」

二

呉子曰く、「夫れ道とは本に反り始に復る所以なり、義とは事を行い功を立つる所以なり、謀とは害を違り利に就く所以なり、要とは業を保ち成を守る所以なり。

若し行、道に合わず、挙、義に合わずして、而も大に処り貴に居らば、患必ず之に及ばん。

是を以て聖人は、之を綏んずるに道を以てし、之を理むるに義を以てし、之を動かすに礼を以てし、之を撫するに仁を以てす。此の四徳は、之を修むれば則ち興り、之を廃すれば則ち衰う。故に成湯、桀を討ちて、夏の民、喜説し、周武、紂を伐ちて、殷人非らず。挙、天人に順う、故に能く然り」と。

呉子はいわれた。
「道とは、根本原理に立ちかえり、始まりの純粋さを守るためのものである。義とは、事業を行い、功績をあげるためのものである。はかりごとは、わざわいを避け、利益を得るためのものである。権力の要とは、国を保持し、君主の座を守るためのものである。もしも行いが、道にそむき、義に合わないのに、高位、高官の地位にぬくぬくとしておれば、かならずその身に災いがおそいかかってくるであろう。そこで聖人は人民を道によって安堵させ、義によって治め、礼によって動かし、仁をもっていつくしんできた。道、義、礼、仁の四つの徳を守ってゆけば、国は盛んになり、それを実行しなければ国家は衰亡する。

だからこそ殷(いん)の湯王(とうおう)が夏の桀(けつ)を討ったときには、夏の人民は喜び、周の武王が殷の紂(ちゅう)をほろぼしたときは、殷の人々は、非難しようとしなかったのだ。湯王や武王はいずれも四つの徳を守り、天の理法と人民の意向にかなっていたからである」

三

呉子曰く、「凡(およ)そ国を制し軍を治むるには、必ず之に教うるに礼を以てし、之を励ますに義を以てし、恥あらしむるなり。夫れ人、恥あるときは、大に在りては以て戦うに足り、小に在りては、以て守るに足る。

然(しか)れども戦いて勝つは易(やす)く、守りて勝つは難(かた)し。故に曰く、『天下の戦国、五(いつ)たび勝つものは禍(わざわい)なり、四(よ)たび勝つものは弊(つい)え、三(み)たび勝つものは覇(は)たり、二(ふた)たび勝つものは王たり、一(ひと)たび勝つものは帝たり』と。

是を以て数々(しばしば)勝ちて天下を得るものは稀に、以て亡ぶるものは衆(おお)し」と。

呉子はいわれた。

「国を治め、軍隊を統括してゆくには、礼節によって人民を教育し、大義によって励まし、恥を知るようにしなければならない。人民が恥を知るようになれば、国家が恥辱を受けた場合にも、その恥をそそごうとして努め、力が大ならば攻撃して勝ち、力が小であれば守り抜くことができる。

実際に、戦って勝つのはやさしいが、守って勝つのはむずかしい。そこで『天下の強国のうち、五度も勝ちつづけた国は、かえって禍(わざわ)いをまねき、四度勝利した国は疲弊し、三度勝った国は覇者となり、二度勝った国は王者、一度勝っただけでその勢威を保持し得た国は、天下の統一者となれる』といわれるのである。

むかしから、連戦連勝して天下を手にしたものは少なく、かえって滅んだ例が多いのもそのためである」

四

呉子曰く、「凡そ兵の起る所のもの五つあり。一に曰く、『名を争う』、二に曰く、『利を争う』、三に曰く、『悪を積む』、四に曰く、『内乱る』、五に曰く、『饑えたるに因る』。

其の名、又、五つあり。一に曰く、『義兵』、二に曰く、『強兵』、三に曰く、『剛兵』、四に曰く、『暴兵』、五に曰く、『逆兵』。

暴を禁じ乱を救うを義と曰い、衆を恃んで以て伐つを強と曰い、怒りに因りて師を興すを剛と曰い、礼を棄て利を貪るを暴と曰い、国乱れ人疲れたるに、事を挙げ衆を動かすを逆と曰う。

五者の服する、各々其の道あり。

義には必ず礼を以て服し、強には必ず謙を以て服し、剛には必ず辞を以て服し、暴には必ず詐を以て服し、逆には必ず権を以て服す」と。

呉子はいわれた。

「戦争の原因として五つあげられる。名誉欲、利益、憎悪、内乱、そして飢饉（ききん）だ。

また軍隊の名目にも五つある。義兵、強兵、剛兵、暴兵、そして逆兵である。義兵とは無法なことを抑え、乱世を救うことであり、強兵とは兵力の多数を頼みとして、戦争を仕掛けることだ。剛兵とは私憤から兵をおこすことであり、暴兵とは礼節をふみにじり、掠奪（りゃくだつ）をほしいままにする戦争をいい、逆兵とは国内が乱れ、人民が苦しんでいるのに、民衆が戦（いくさ）に狩り出されることをさしている。

この五つの戦争に対抗するには、それぞれの方策がある。

義兵には礼を厚くして和を求めることができるし、強兵には謙虚に対応することで納得が得られる。剛兵には外交折衝であたり、暴兵には策略をもちい、逆兵には臨機応変の処置がなによりだ」

五

武侯、問うて曰く、「願わくは兵を治め人を料り国を固くするの道を聞かん」と。

起、対えて曰く、「古の明王は、必ず君臣の礼を謹み、上下の儀を飾り、吏民を安集し、俗に順って教え、良材を簡募して、以て不虞に備う。昔、斉桓は士五万を募りて、以て諸侯に覇たり。晋文は前行を為すもの四万を召して、以て其の志を獲たり。秦穆は陥陣三万を置いて、以て隣敵を服せり。

故に強国の君は、必ず其の民を料る。民の胆勇気力ある者を、聚めて一卒と為し、楽んで以て進み戦い、力を効して以て其の忠勇を顕す者を、聚めて一卒と為し、能く高きを踰え遠きを超え、軽足にして善く走る者を、聚めて一卒と為し、王臣の位を失って、功を上に見さんと欲する者を、聚めて一卒と為し、城を棄て守を去りて、其の醜を除かんと欲する者を、聚めて一卒と為す。

此の五つの者は軍の練鋭なり。此の三千人有らば、内は出でて以て囲みを決すべく、外は入りて以て城を屠るべし」と。


魏の武侯が尋ねた。

「軍隊を整備し、人材を登用し、国家を強固にする方策を聞かせてほしい」

呉起はこたえた。

「むかしの聡明な王は、かならず君臣の礼節を尊重し、上下の身分をととのえ、官吏や人民の生活を安定し、資質に応じて教育し、人材を択び、不測の事態にそなえたものです。

かつて斉の桓公は、五万人の兵士をあつめて天下の覇者となり、晋の文公は、四万人の尖兵を招いて、その目的を達成しました。また秦の穆公も三万人の突撃隊を組織して、近隣の敵を屈服させております。

したがって強国の君主たる者は、かならず人民の能力を調べ、これを活用しなければなりません。

人民の中から胆のすわった勇者をあつめて、一グループとします。戦がすきで、全力をあげて武勲をたてようとする者をあつめて、一グループとします。高い障壁をとびこえたり、遠い道を踏破したりできる足の軽いよく走る敏捷なものも、あつめて一グループとします。失意の中にありながらも、なんとか再起しようと願っている者も、あつめて一グループとします。城や陣地をすて、敗走したことがあるため、その汚名をそそぎたいと思っている者も、あつめて一グループとします。

これら五つのグループは、軍の精鋭です。このような精鋭が三千人もおれば、敵の包囲を破ることができますし、またどんなに難攻不落の城であっても、攻め陥すことができるのです」

六

武侯、問うて曰く、「願わくは陣すれば必ず定まり、守れば必ず固く、戦えば必ず勝つの道を聞かん」と。

起、対えて曰く、「立ちどころに見んことすら且つ可なり、豈に直に聞くのみならんや。君、能く賢者をして上に居り、不肖者を下に処らしむれば、則ち陣已に定まる。民、其の田宅に安んじ、其の有司に親めば、則ち守已に固し。百姓、皆、吾が君を是として、隣国を非とすれば、則ち戦已に勝つ」と。


武侯が尋ねた。

「陣を張ればかならず安定し、守ればかならず堅固で、戦えばかならず勝つ方法を聞かせてほしい」

呉起は答えた。

「それはお聞かせするどころか、今すぐにでもお見せすることができます。主君がつね日頃、すぐれた者を高い地位につけ、無能な者を低い地位にすえるなど、人材を適材適所に配置することができれば、戦闘のさいの配備もすでに定まったも同然です。

人民の生活が落ちつき、役人たちに親しんでいるようであれば、国の守りは固いといえましょう。すべての者が、わが主君を正しいと信じ、隣国を悪いと考えるようであれば、戦はすでに勝ったも同然であります」

七

武侯、嘗て事を謀るに、群臣、能く及ぶなし。朝を罷めて喜べる色あり。起、進んで曰く、「昔、楚の荘王、嘗て事を謀るに、群臣、能く及ぶなし。朝を罷めて憂うる色あり。

申公、問うて曰く、『君、憂うる色あるは何ぞや』と。曰く、『寡人、之を聞く、〝世、聖を絶たず、国、賢に乏しからず、能く其の師を得る者は王たり、能く其友を得る者は覇たり〟と。今、寡人、不才にして、群臣の及ぶものなし。楚国、其れ殆からん』と。此れ楚の荘王の憂うる所なるに、而るに君は之を説ぶ。臣、竊に懼る」と。

是に於て武侯、慚ずる色あり。

あるとき武侯は、臣下とともに会議をひらいた。しかし誰ひとりとして武侯にまさる意見をのべる者はいなかった。政務をおえて退出する時、武侯はいかにも満足そうであった。

呉起はすすみ出ていった。

「むかし楚の荘王は、国事を臣下に謀ったところ、ひとりとして荘王にまさる意見の者はありませんでした。政務をおえて退出するおり、荘王の表情は憂わしげに見えました。

そこで臣下のひとり、申公が尋ねました。

『なぜ、そのように沈んでおいでなのですか』

荘王はそれに答えていいました。

『どのような時代にも聖人はおり、どのような国にも賢者はとぼしくない。真の師を見出して臣下にすることができた者は王となり、友となる資格のある者を臣下にできれば、覇者になれる——と私は聞いている。

私は特別すぐれているわけでもないのに、その自分に及ぶ者がいないとなれば、楚の国の将来はいったいどうなることか』

このように荘王は心配したのに、御主君は憂うるどころか、逆に喜んでおられます。わたくしは、心ひそかに危惧(きぐ)を抱かざるを得ません」

これを聞いて武侯は恥じらいの色をうかべた。

第二篇　料　敵　（敵情を分析する）

一

武侯、呉起に謂って曰く、「今、秦は吾が西を脅し、楚は吾が南を帯び、趙は吾が北を衝き、斉は吾が東に臨み、燕は吾が後を絶ち、韓は吾が前に拠る。六国の兵、四に守り、勢、甚だ便ならず。此を憂うること奈何」と。

起、対えて曰く、「夫れ国家を安んずるの道は、先ず戒むるを宝と為す。今、君、已に戒む。禍、其れ遠からん。

臣、請う、六国の俗を論ぜん。夫れ斉の陣は、重けれども堅からず、秦の陣は、散なれども自ら闘う、楚の陣は整なれども久しからず、燕の陣は、守りて走らず、三晋の陣は、治まれども用いられず。

夫れ斉の性は剛に、其の国富み、君臣驕奢にして、細民に简なり、其の政寛にして、禄均しからず、一陣に両心あり、前に重く後に軽し、故に重けれども堅からず。

此れを撃つの道は、必ず之を三分して其の左右を猟り、脅して之を従わば、其の陣壊るべし。

秦の性は強、其の地は険、其の政は厳、其の賞罰は信、其の人譲らず、皆、闘心あり、故に散じて自ら戦う。

此れを撃つの道は、必ず先ず之に示すに利を以てし、而して之を引き去らば、士、得るを貪りて、其の将を離れん。乖に乗じ、散を猟り、伏を設け、機に投ぜば、其の将取るべし。

楚の性は弱、其の地は広く、其の政は騒がしく、其の民は疲れたり。故に整えども久しからず。

此れを撃つの道は、其の屯を襲い乱して、先ず其の気を奪い、軽く進み速に退いて弊らして之を労し、与に争い戦うこと勿れ、其の軍敗るべし。

燕の性は愨、其の民は慎み、勇義を好み、詐謀寡し、故に守りて走らず。

此れを撃つの道は、触れて之に迫り、陵いで之に遠ざかり、馳せて之に後るれば、則ち上疑いて下懼る。我が車騎を必ず避くるの路に謹まば、其の将、虜にすべし。

三晋は中国なり、其の性は和、其の政は平、其の民は戦に疲れ、兵に習れ、其の将を軽んじ、其の禄を薄んじ、士、死する志なし、故に治まれども用いられず。

此れを撃つの道は、陣を阻てて之を圧し、衆来れば則ち之を拒ぎ、去れば則ち之れを追うて、其の師を倦ます、此れ其の勢なり。

然れば則ち一軍の中、必ず虎賁の士あり、力、鼎を扛ぐるに軽く、足、戎馬よりも軽く、旗を搴り将を斬るを、必ず、能くするものあり、此の若きの等は、選んで之を別ち、愛して之を貴ぶ、是れを軍命と謂う。

其れ工に五兵を用い、材力健疾にして、志、敵を呑むにあるものあらば、必ず其の爵列を加えて、以て勝を決すべし。

其の父母妻子を厚くし、賞に勧み罰に畏るれば、此れ堅陣の士なり。与に持久すべし。

能く審かに此れを料らば、以て倍を撃つべし」と。

武侯曰く、「善し」と。

武侯が呉起にむかっていった。

「今、秦はわが国の西方をおびやかし、楚はわが南方を取り巻き、趙はわが北方を衝こうとし、斉はわが東方をねらい、燕は後方を遮断し、韓は前方に構えている。このように六カ国の軍隊がぐるりと取り囲んでいて、わが国の情勢はきわめて不利である。私はこれを心配しているのだが、どうしたらよいであろうか」

呉起は答えていった。

「国家の安全をはかるには、まずもって警戒を怠らないことが何よりです。今、主君はすでに事前にそのことを警戒しておられます。したがって災いを避けることができるでしょう。

ここで私は六カ国の風習を検討してみたいと存じます。斉の軍隊は、武力はたいしたものですが、堅固ではなく、秦の軍隊は、まとまりがなく、てんでんばらばらですが、すすんでみずから戦います。楚の軍隊は規律は整っていますが、持久力がありません。燕の軍隊は、守備を固めて逃げたりはしませんが、攻撃力に欠け、趙と韓などの軍隊は、整ってはいても、実戦の役にはたちません。

斉の人間は剛毅で、国も富んでいるが、主君も臣下も驕りたかぶって、人民をないがしろにしております。その政治は寛大ですが、俸禄は公平ではなく、軍の内部は統一がつかず、第一線の部隊がしっかりしているかと思えば、後方部隊は手薄だといった按配で、充実はしているが堅固とはいえません。

この斉を討つためには、味方の兵を三つに分け、敵の左右をおびやかした上で追撃することです。そうすれば斉の軍隊は壊えさるに違いありません。

秦の人間の性格は強靱で、地勢は険しく、その政治はきびしくて、賞罰も適切ですから、人々もまた功名を他に奪われまいとしてゆずらず、勝手に闘おうとする傾向があります。

この秦の軍隊を攻撃するためには、まず利益があることを見せびらかして釣り、兵を引くことです。兵士は功をあせって統制を乱し、指揮官の命令を聞かずに攻めてきたところを、伏兵を用意しておいて、うまくチャンスをとらえれば、敵の指揮官を討ちとることも可能です。

楚の人間は軟弱で、国土は広く、政治も乱れ、人民は疲弊しています。そのため規律があっても持久力がとぼしいのです。

この楚の軍隊を攻撃するためには、その本営を襲撃して敵の戦闘意欲をそぎ、機敏に行動して敵を翻弄(ほんろう)し、疲れさせることです。まともに戦う必要はありません。楚の軍隊は戦う前に敗北してしまいます。

燕の人間は、くそまじめで慎重であり、勇気や義理を重んじて、策をめぐらしたりすることは少ないのです。したがって自分の守りを固め、逃げ出したりしません。

この燕の軍隊を攻撃するには、ゆっくり近づいたと見せて、急に攻め、攻めるとみせて退き、追うとみせて背後にまわるなど、神出鬼没に行動することです。そうすれば必ず、敵の指揮官はこちらの意図をおしはかれず、部下の者はいつ討手が攻めてくるかと不安になるものです。味方の戦車や騎兵を傍らに伏せ、敵軍を通しておいて襲えば、敵将を捕虜にすることもできます。

韓や趙などは、中央に位置するだけに、人々の性格もおだやかで、政治もまた公平に行われております。しかし人民は戦に疲れ、兵事に慣れっこになっています。そのため指揮官をあなどり、俸禄が少ないと不満を抱いており、兵士も決死の覚悟にとぼしいのが実情です。たしかに軍隊の統制はとれているかもしれませんが、実戦の役にはたちそうにありません。

これを討つには、戦う前に、対陣して相手を圧倒します。敵軍が攻めてくれば阻(はば)み、退けば追撃するといった具合にして、次第に嫌気がさすように仕向けます。これが攻撃の自然の策というものです。

それに一軍の中には、必ず猛虎のような兵士がいるものです。例えていえば、鼎(かなえ)を軽々と持ち上げるほどの力があったり、軍馬よりも早く走る足を備えていたり、また敵の軍旗を奪い、敵将を斬ったりする者のことです。こうした有能な士を特別に選抜し、目をかけてやり、〈軍命〉つまり全軍の死活を制する存在だとよばせるようにします。

また、さまざまな武器をたくみにあやつり、腕っぷしも強く、敏捷で敵を物ともしない者がいれば、必ず優遇するなどすれば、勝利を得ること間違いなしです。

さらに彼の家族まで手厚くもてなし、賞罰を明確にすることです。そうすれば陣を固く守り、持久戦にもねばり抜くことができます。

以上の点を十分に注意し、慎重に事にあたれば、倍する敵軍も討ち破ることが可能です」

それを聞いて武侯は、

「なるほど」

とうなずいた。

二

呉子曰く、「凡(およ)そ敵を料るに、卜(ぼく)せずして之と戦うもの八つあり。

一に曰く、疾風、大寒、早く興(お)き寤(さ)めて遷(うつ)り、氷を剖(さ)き水を済(わた)り、艱難を憚(はばか)らざる。

二に曰く、盛夏炎熱、晏(おそ)く興きて間(ひま)なく、行駆し、饑渇(きかつ)し、遠きを取るに務むる。

三に曰く、師既に淹久して、粮食有ることなく、百姓怨怒し、妖祥数々起こりて、上、止むること能わざる。

四に曰く、軍資既に竭き、薪蒭既に寡く、天、陰雨多く、掠めんと欲するに所なき。

五に曰く、徒衆多からず、水地利ならず、人馬疾疫し、四隣至らざる。

六に曰く、道遠く日暮れ、士衆労れ懼れ、倦んで未だ食わず、甲を解いて息える。

七に曰く、将薄く吏軽く、士卒固からず、三軍数々驚き、師徒、助なき。

八に曰く、陣して未だ定まらず、舎して未だ畢らず、阪を行き険を渉り、半ば隠れ半ば出ずる。

諸々此の如くなるものは、之を撃って疑うこと勿れ。

占わずして之を避くるもの六つあり。

一に曰く、土地広大に、人民富衆なる。二に曰く、上其下を愛し、恵施流布せる。三に曰く、賞信に刑察に、発すること必ず時を得たる。四に曰く、功を陳（つら）ね列に居らしめ、賢に任じ能を使える。五に曰く、師徒の衆（おお）く、兵甲（へいこう）の精なる。六に曰く、四隣の助け、大国の援（たすけ）ある。
凡そ此れ敵人に如（し）かずんば、之を避けて疑うこと勿れ。所謂（いわゆる）可（か）を見て進み、難を知りて退くなり」

呉子はいわれた。

「およそ敵情を分析する場合に、占いをたてるまでもなく、戦をするべきだと考えられる状況が八つある。

第一は風強く、きびしい寒さの中で、敵軍が早朝に起き出して、すぐさま移動をはじめたり、氷を割って川を渡るなど、部下の難儀をかえりみないでいる場合だ。

第二は、夏の真盛りの炎熱下に、敵軍が日の高く昇るまで起きず、起き出すとゆっくりする暇もなく行軍し、飢え渇きながら行動しようとする場合だ。

第三は、軍団が長い期間、戦場にとどまり、食糧は欠乏し、百官の間に不満の声がたかまり、奇怪な事件があいついでおこっていながら、支配者がそれをおさえきれない場合だ。

第四は、軍の資材が乏しくなり、薪（まき）やまぐさも少なく、天候まで悪く、いつまでも雨がつづき、物資を掠奪しようにも処置なしの状態のときだ。

第五は、兵数も多くなく、水利の便も悪く、人馬ともに疲れ、病み、どこからも援軍がこない場合だ。

第六は、行軍の道も遠く、日も暮れ、兵卒たちは疲労と不安におそわれ、いささかうんざりして、まだ食事をとろうともせず、鎧（よろい）を脱いで休息しているときだ。

第七は、敵の指揮官の人望がうすく、参謀の権威も弱く、兵卒に団結心が乏しくて、ちょっとしたことにもおびえ、他の軍団の支援もない場合だ。

第八は、まだ布陣が完成せず、宿舎割りもととのわないでいるとき、あるいはけわしい坂道を行軍したりして、到着予定の兵員がまだ半分もあらわれず、不安定な場合である。

このような状態におかれた敵は、ためらうことなく討つべきである。

さらに御託宣を得なくても、はじめから戦を避けるべき状況とみられる場合が六つある。

第一は、相手の土地が広大で民衆もゆたかであり、人口もまた多いとき。第二は、君主が下々の者を愛し、その恵みが国の隅々までゆきわたっているとき。第三は、恩賞が適切で、刑罰も公平であり、発動の時機も時を得ているとき。第四は、功績のある者を顕彰して高い地位を与え、賢者や能力のある者を重用しているというとき。第五は、軍団の兵員が多く、装備も整っているとき。そして第六は、隣国や大国からの援助を受けているときだ。

これらの点で敵にかなわないと知ったときには、ためらうことなく戦を避けるべきである。絶対に勝てると見きわめがついた上で進み、勝てそうもないとさとったならば、退くことだ」

三

武侯、問うて曰く、「吾(われ)、敵の外を観(み)て、其(そ)の内を知り、其の進むを察して、其の止まるを知り、以て勝負を定めんと欲す。聞くを得べきか」と。

起、対えて曰く、「敵人の来ること、蕩蕩として慮なく、旌旗煩乱し、人馬数々顧みば、一、十を撃つべし。必ず措くことなからしめん。諸侯、未だ会せず、君臣、未だ和せず、溝塁未だ成らず、禁令未だ施さず、三軍洶洶として、前まんと欲すれども能わず、去らんと欲すれども敢てせざれば、半を以て倍を撃ち、百戦すとも殆からじ」と。

武侯は尋ねた。

「敵の外見を見て、内側の動きを知り、進軍する形を見て、駐留の姿を察知し、勝敗を判断したいと思うが、そのことについて、あなたの考えを聞かせてもらえないか」

呉起は答えた。

「敵兵の進攻する様子にしまりがなく、旗差し物が乱れ、人馬ともにふり返ることがしきりであれば、十倍する敵勢を攻めることができます。敵は必ずや、手も足も出ないまでに敗られましょう。

同盟する諸侯がまだ合流できず、君と臣とが和合せず、陣地もまだ完成せず、規律もゆきわたらず、全軍、恐れおののき、進もうにも退こうにも、思うようにならない状態ならば、敵の半数の兵力で攻撃することもできますし、いくら戦っても負ける恐れはありません」

四

武侯、敵必ず撃つべきの道を問う。

起、対えて曰く、「兵を用うること、必ず須(すべか)らく敵の虚実を審(つまび)らかにして、其の危きに趨(おもむ)くべし。

敵人遠く来り、新(あらた)に至りて、行列(こうれつ)未だ定まらざるをば、撃つべし。既に食して、未だ備(そなえ)を設けざるをば撃つべし。

奔走するをば撃つべし。勤労せるをば撃つべし。未だ地の利を得ざるをば撃つべし。時を失いて従わざるをば撃つべし。長道を渉(わた)り、後(おく)れて行き、未だ息(いこ)わざるをば撃つべし。水を渉りて半ば渡れるをば撃つべし。険道狭路をば撃つべし。旌旗乱れ動くをば撃つべし。陣数々移動するをば撃つべし。将、士卒を離れたるをば撃つべし。心怖るるをば撃つべし。

凡そ此の若きものは、鋭（えい）を選んで之を衝き、兵を分ちて之に継ぎ、急に撃って疑うこと勿れ」と。


武侯は、敵をかならず攻撃しなければならない場合について尋ねた。

呉起はそれに答えていった。

「戦う場合は、必ず敵の充実したところと手薄なところを察知し、その弱点を攻めることです。

敵兵が遠方から戦場に到着したばかりで、隊形も定まっていないときは討つべきです。食事を終えたばかりで、まだ防衛態勢がととのっていないときにも討つべきです。

あちこちと走りまわっているときも、仕事で疲れているときも、まだ有利な地形を占拠していないときも、時機を失しているときも、討つべきですし、長距離の行軍で、遅れた部隊がまだ休息できていないとき、川を渡りきっていないとき、けわしい狭い道を行軍しているときも攻撃できます。陣地がたびたび移動するとき、旗差し物が乱れ動くとき、将軍が兵士たちの心と離反しているとき、おじけづいている場合なども攻撃してよいのです。

およそ、このような場合には、精鋭を選んで敵を衝き、兵力を分けて休みなく追い討ちをかけ、ためらうことなく、はげしく攻めたてるべきです」

第三篇　治　兵　（兵を治める）

一

武侯、問うて曰く、「兵を用うるの道、何をか先にする」と。

起、対えて曰く、「先ず四軽、二重、一信を明かにす」と。

曰く、「何の謂ぞや」と。

対えて曰く、「地をして馬を軽んじ、馬をして車を軽んじ、車をして人を軽んじ、人をして戦を軽んぜしむ。

明かに険易を知れば、則ち地、馬を軽んず。芻秣、時を以てすれば、則ち馬、車を軽んず。膏鐗、余りあれば、則ち車、人を軽んず。鋒鋭く甲堅ければ、則ち人、戦を軽んず。

進めば重賞あり、退けば重刑あり、之を行うに信を以てす。審かに能く此に達するは、勝の主なり」と。


武侯が尋ねた。

「兵を進めるには、まずなにからやるべきか」

呉起は答えていった。

「まず四軽、二重、一信を明らかにすることからはじめるべきです」

武侯はいった。

「それはどういうことか」

呉起は答えていった。

「四軽とは、地が馬を軽いと感じ、馬が車を軽いと感じ、車が人を軽いと感じ、人が戦を軽いと感じるように思わせることです。

地形をつぶさに見きわめたうえで馬を走らせれば、馬を軽快に疾駆させることができますし、まぐさを適宜にあたえれば、馬は車を軽いと感じるでしょう。車に十分油がさされておれば、車は円滑に動き、人を軽いと思うでしょう。また武器が鋭く、甲冑（かっちゅう）が堅牢であれば、人は戦を楽だと思うでしょう。

二重とは、勇敢に勝ち進むものには重い賞を、卑怯にも退却するものには重い罰をということです。そしてこの実施に当っては、約束をたがえず、厳正に実行すること、これが一信です。

以上のことを実行できれば、勝利はまちがいありません」

二

武侯、問うて曰く、「兵は何を以て勝つことを為（な）す」と。

起、対えて曰く、「治を以て勝つことを為す」と。

又問うて曰く、「衆に在らずや」と。

対えて曰く、「若（も）し法令明かならず、賞罰信ならず、之を金（きん）すれども止まらず、之を鼓すれども進まずんば、百万ありと雖（いえど）も、何ぞ用に益あらん。所謂（いわゆる）治とは、居るときは礼あり、動くときには威あり、進めば当るべからず、退けば追うべからず、前却節あり、左右麾（き）に応じ、絶ゆと雖も陣を成し、散ずと雖も行を成し、之と与に安く、之と与に危く、其の衆合うべくして離るべからず、用うべくして疲らすべからず、之を往く所に投じて、天下当るなし。名づけて父子の兵と曰う」と。


武侯が尋ねた。

「勝利は何によってきまるのか」

呉起は答えていった。

「軍隊を統率することで勝利をおさめることができます」

武侯はかさねて尋ねた。

「兵数の多少に関係はないのか」

呉起は答えていった。

「もし法令がゆきわたらず、賞罰も公正を欠き、鐘をたたいても停止せず、太鼓を打っても進撃しないようでは、百万の大軍であったとしても、物の役にはたちません。

軍を統率するとは、平生は礼節が守られ、行動をおこす時には威厳があり、進む時にはばむことができず、退く時には追撃できず、進退に節度があり、左右両翼の軍も指揮に呼応し、万一、分断されても陣容をくずさず、分散しても隊列をつくることができることなのです。

将兵がどんな状況にあっても一体となって戦い、結束して離間されることもなく、いくら戦っても疲労することはありません。

このような軍隊であれば、どこへ派遣されようと、天下に敵するものはありません。これこそ父子の兵というべきでありましょう」

三

呉子曰く、「凡（およ）そ軍を行（や）るの道、進止の節を犯すこと無く、飲食の適を失うこと無く、人馬の力を絶つこと無かれ。

此（こ）の三つの者は、其（そ）の上の令に任ずる所以（ゆえん）なり。其の上の令に任ずるは、則ち治の由りて生ずる所なり。

若（も）し進止度あらず、飲食適せず、馬疲れ人倦（う）みて而（しか）も解舎（かいしゃ）せざるは、其の上の令に任ぜざる所以なり。上の令既に廃すれば、以て居るときは則ち乱れ、以て戦うときは則ち敗る」と。

呉子はいわれた。

「行軍に際しては、進むかとどまるかの節度をくずさず、飲食を適宜に摂り、人馬の力を消耗させてはならない。

なぜならこの三点は、兵卒たちが上からの命令に耐えるゆえんでもあるからだ。上からの命令に耐えるというのは、すなわち軍隊がよく統率されている状態を生み出すもとである。

しかし反対に進軍と駐留に節度がなく、飲食が適切でなく、人馬ともに疲労しておりながら、なおかつ装備を解いて休息させないのは、上からの命令に兵卒たちが耐えられない原因ともなる。上からの命令がきかれない状態でそのますごせば、秩序も乱れ、戦えば敗れることになるのだ」

四

呉子曰く、「凡そ兵戦(へいせん)の場は、屍(しかばね)を止むるの地、死を必(ひっ)とすれば則ち生き、生を幸(さいわい)とすれば則ち死す。

其の善く将たるもの、漏船(ろうせん)の中(うち)に坐(ざ)し、焼屋(しょうおく)の下(もと)に伏するが如(ごと)く、智者をして謀(はか)るに及ばず、勇者をして怒るに及ばざらしむれば、敵を受けて可なり。

故に曰く、『兵を用うるの害は猶予最も大なり。三軍の災は狐疑より生ず』と。

呉子はいわれた。

「戦場とは屍(しかばね)をさらすところだ。死を覚悟すれば、生きのびることもできるが、生きながらえようと望んでいると、逆に死をまねくことになる。

良き指揮官は、穴のあいた船に乗り、燃えている家の中で寝ているように、必死の心構えでいるものだ。そうなればたとえどんな智者がはかりごとをめぐらそうと、勇者がたけりくるってかかってこようと、どんな敵をも相手にすることができるのだ。

だからこそ軍隊を動かすにあたって、『優柔不断を避けるべきであり、全軍の禍いは、懐疑と逡巡から生まれる』といわれるのだ」

五

呉子曰く、「夫れ、人は常に其の能くせざる所に死し、其の便ならざる所に敗る。

故に兵を用うるの法は、教戒を先と為す。一人戦を学べば、十人を教え成し、十人戦を学べば、百人を教え成し、百人戦を学べば、千人を教え成し、千人戦を学べば、万人を教え成し、万人戦を学べば、三軍を教え成す。

近きを以て遠きを待ち、佚せるを以て労せるを待ち、飽きたるを以て饑えたるを待つ。円にして之を方にし、坐して之を起たせ、行りて之を止め、左にして之を右にし、前にして之を後にし、分って之を合し、結んで之を解く。変ごとに皆習い、乃ち其の兵を授く。是れを将の事と謂う」と。

呉子はいわれた。

「人はつねに自己の能力をこえた事態に遭遇して倒れ、自由にならない状況に出会って敗れる。

したがって、戦争のためにはまず教育や訓練が必要である。一人が戦いの技術を学べば、その効果は十人に及び、十人が戦いの技術を学べば、その効果は百人に及び、百人が戦いの技術を学べば、その効果は、千人に及び、千人が戦いの技術を学べば、その効果は万人に及び、万人が戦いの技術を学べば、その効果は全軍に普及する。

戦場の近くにいて遠方からの敵を待ちかまえ、余裕をもって敵の疲れるのを待ち、腹いっぱいの状態で飢えた敵にあたる。また円陣を組んだかと思うと、四角の陣に替え、坐ったかと思うと立たせ、前進させたかと思うと停止させ、左に行かせたかと思うと右に行かせ、前進させたかと思うと後退させ、分散させたかと思うと集合させ、集合させたかと思うと解散させる。このようにどういった変化に対しても習熟し、武器を持って立てるように訓練する。これが将軍の役割というものである」

六

呉子曰く、「戦を教うるの令、短者は矛戟を持ち、長者は弓弩を持ち、強者は旌旗を持ち、勇者は金鼓を持ち、弱者は廝養に給し、智者は謀主となる。郷里相比し、什伍相保つ。

一鼓して兵を整え、二鼓して陣を習い、三鼓して食を趨し、四鼓して弁を厳にし、五鼓して行に就く、鼓声の合するを聞き、然る後旗を挙ぐ」と。

呉子はいわれた。

「戦闘の訓練には、能力に応じたやりかたがある。背の低い者には長い矛や戟をもたせ、背の高い者には弓や弩をもたせる。力の強い者には旗をもたせ、勇敢な者には合図の鐘や太鼓を持たせる。力の弱い者は雑役に使い、思慮深いものは参謀とする。そして同郷の者どうしを一組にし、十人組、五人組などに連帯の責任をもたせる。

一度目の太鼓の響きで武器を備え、二度目の太鼓で陣立てを整え、三度目の太鼓で食事をとらせ、四度目の太鼓で武器を点検し、五度目の太鼓で進軍の態勢をとらせる。そして太鼓の音がそろってはじめて旗差し物をかかげるのである」

七

武侯、問うて曰く、「三軍の進止、豈に道あるか」と。

起、対えて曰く、「天竈に当ること無かれ、竜頭に当ること無かれ。天竈とは大谷の口、竜頭とは大山の端なり。必ず青竜を左にし、白虎を右にし、朱雀を前にし、玄武を後にし、招揺上に在り、事に下に従う。

将に戦わんとするの時、審かに風の従りて来る所を候う。風順なれば、致し呼んで之に従い、風逆なれば、陣を堅くして以て之を待つ」と。


武侯が尋ねた。

「全軍の行動には、なにかきまった方法があるものだろうか」

呉起は答えていった。

「天のかまどや竜の頭はさけるべきです。天のかまどというのは深い谷間の入口のことですし、竜の頭というのは大きな山のふもとのことで、そのような地形の場所では敵襲を受けると不利になります。

旗を進めるには、青竜旗を左に、白虎旗を右に、朱雀旗を前に、玄武旗を後に立て、招揺の旗を中央にかかげて、その下で大将は指揮にあたります。

いよいよたたかおうとする時には、風がどちらから吹いてくるかを確め、順風のときには、号令を下して敵を攻め、逆風のときには、陣を固めて待機いたします」

八

武侯、問うて曰く、「凡そ卒騎を畜うこと、豈に方あるか」と。

起、対えて曰く、「夫れ馬は必ず其の処る所を安くし、其の水草を適え、其の饑飽を節し、冬は厩を温かにし、夏は則ち廡を涼しくし、毛鬣を刻剔し、謹んで四下を落き、其の耳目を戢めて、驚駭せしむることなく、其の馳逐を習わし、其の進止を閑わし、人馬相親しくして、然る後使うべし。車騎の具、鞍勒、銜轡、必ず堅く完からしめよ。凡そ馬は末に傷われずして、必ず始に傷われ、饑に傷われずして、必ず飽に傷わる。日暮れて道遠くば必ず数々上下せよ。寧ろ人を労するも、慎んで馬を労する勿れ。常に余りあらしめ、敵の我を覆うに備えよ。能く此れを明むるものは、天下に横行す」と。

武侯が尋ねた。

「軍馬を飼うのに、なにかよい方法はあるものだろうか」

呉起は答えていった。

「馬は環境を快適なものにし、水や飼葉を適宜にあたえ、腹具合を調整し、冬には厩舎（きゅうしゃ）を温め、夏にはひさしをつけて涼しくしてやります。毛やたてがみを切り揃え、注意深く蹄（ひずめ）を切り、耳や目をおおって物に驚かないようにします。

そしていろいろの走りかたや、動き方、止まり方を教えこみ、人と馬がなれ親しむようになってはじめて実用に供することができるのです。

鞍（くら）、おもがい、くつわ、たづななどはしっかりとつけておきます。一般的には馬は仕事の終りよりも、始りにだめになるもので、腹が減ったときではなく、かならず食べすぎたときにだめになるものです。

日が暮れても、まだ道が遠いときには乗りっぱなしにするのではなく、時には降りて憩（やす）ませることです。人はくたびれても、馬を疲れさせてはなりません。いつも馬に余力をもたせ、敵の突然の襲撃に備えることです。

このことを十分にわきまえているものは、天下を気ままに闊歩（かっぽ）することができましょう」

第四篇　論　将　（将軍について論ず）

一

呉子曰く、「夫れ文武を総ぶるは、軍の将なり。剛柔を兼ぬるは、兵の事なり。

凡そ人、将を論ずる、常に勇に観る。勇の将に於けるは、乃ち数分の一のみ。

夫れ勇者は、必ず軽々しく合う。軽々しく合うて、利を知らざるは、未だ可ならざるなり。

故に将の慎む所の者五つ。一に曰く『理』、二に曰く『備』、三に曰く『果』、四に曰く『戒』、五に曰く『約』。

理とは、衆を治むること寡を治むるが如し。備とは、門を出ずれば敵を見るが如し。果とは、敵に臨んで生を懐わず。戒とは、克つと雖も始めて戦うが如し。約とは、法令省いて煩わしからず。

命を受けて家に辞せず、敵破れて後返るを言うは、将の礼なり。

故に師出づるの日、死するの栄あり、生くるの辱なし」と。


呉子はいわれた。

「文武を総括できる者こそ、隊の将たるものである。強硬な手段と柔軟な手段を兼ねそなえるのが、戦争の技術である。

一般に人々は将軍をいろいろと評価する場合に、いつも勇気という観点からだけ見がちだが、しかし勇気は将軍としての条件の何分の一を占めるにすぎない。

そもそも勇者は、合戦を安易に考えがちだ。合戦を軽くみて戦の利害が分らないようでは、まだまだである。

そこで、将軍の慎しむべきこととして五つの事項があげられる。一は管理、二は準備、三は決意、四は自戒、五は法令の簡略化である。

管理とは、大部隊をあたかも小部隊を治めるように掌握し、統率することである。準備とは、ひとたび門を出れば、いつ敵に襲われようと対決できるよう備えることである。決意とは、敵を前にして決死の覚悟をもつことである。自戒とは、勝利におごらず、初心を忘れずに警戒することである。法令の簡略化は、形式的な煩雑さを捨て、わかりやすくすることである。

命令を受ければ家人に別れをつげることもなく、敵を打ち破るまでは、家のことを口にしないというのが将軍としての礼である。

したがって軍隊が出陣する日にさいしては、生命を棄(す)てる栄誉を取ることはあっても、おめおめと生きながらえて恥辱をうけることはないはずだ」

二

呉子曰く、「凡そ兵に四機あり。一に曰く『気機』、二に曰く『地機』、三に曰く『事機』、四に曰く『力機』なり。

三軍の衆、百万の師、軽重を張り設くること一人に在り、是れを『気機』と謂う。路狭く道険しく、名山大塞、十夫の守る所、千夫も過ぎられず、是れを『地機』と謂う。

善く間諜を行い、軽兵往来して、其の衆を分散し、其の君臣をして相怨み、上下をして相咎めしむ、是れを『事機』と謂う。車は管轄を堅くし、船は櫓楫を利にし、士は戦陣に習い、馬は馳逐に閑う、是れを『力機』と謂う。

此の四つのものを知れば、乃ち将となるべし、然して其の『威徳仁勇』、必ず以て下を率い衆を安んじ敵を怖し疑を決するに足り、令を施して下敢て犯さず、在る所にして寇、敢て敵せず、之を得れば国強く、之を去れば国亡ぶ、是を良将と謂う」と。

呉子はいわれた。

「およそ戦には四つのチャンスというものがある。第一は精神による機、第二は土地による機、第三は状況による機、第四は力による機である。

全軍の兵士、百万の大軍の配置や動きが充実しているかどうかは、一にかかって将軍の気魄にある。これを精神による機というのだ。また道がせまくて険しく、高い山の大きな要塞では、十人の兵卒で守備していても、千人の敵を防ぐことができる。これを土地による機というのだ。

スパイを放ち、ゲリラ部隊を出没させて敵の兵力を分散させ、主君と臣下との間に怨みごころを醸成し、上下おたがいに非難しあうようにしむける。これを状況による機というのだ。

また車の軸やくさびを堅固にし、舟の櫓や櫂を潤滑にし、兵士にはよく戦場の働きを習得させ、馬はよく走るように調教しておく。これを力による機というのだ。

この四つの機を知ってはじめて将軍となることができるのである。

しかもその上に、威徳や仁勇が身にそなわっておれば、かならず部下の者を統率し、民衆を安心させ、敵をおののかせ、疑問が生じても、迷うことなく判断することができる。

また命令を下しても、部下は違反することなく、その将軍さえおれば、敵もあえて手向ってこない。そのような人物を得ることができれば、国は強くなり、失えば滅びてしまう。こんな人物こそ、良将というべきである」

三

呉子曰く、「夫れ鼙鼓金鐸(へいこきんたく)は、耳を威(おど)す所以(ゆえん)、旌旗麾幟(せいきき し)は、目を威す所以、禁令刑罰は、心を威す所以なり。

耳は声に威(お)ず、清からざるべからず。目は色に威ず、明かならざるべからず。心は刑に威ず、厳ならざるべからず。

三つの者立たざれば、其の国を有(たも)つと雖も、必ず敵に敗らる。

故に曰く、『将の麾(さしまね)く所、従い移らざるなく、将の指(ゆびさ)す所は、前(すす)み死せざるなし』」と。

呉子はいわれた。

「小太鼓や大太鼓、どらや鈴など陣中で用いる鳴り物は、耳を通して軍の威信を兵卒に伝えるためのものである。士気を鼓舞する旗や、将軍の旗じるし、采配やのぼりなどは、目を通して軍の威信を伝えるものである。また禁令や刑罰は心を通して軍の威信を伝えるものである。

耳は音によって印象づけられるわけだから、澄んでいなければならないし、目は色彩によって印象づけられるのだから、あざやかでなければならない。また心は刑罰によって動かされるものだから、厳しくしなければならない。

この三つの方法がしっかりしていなければ、その国は一時は栄えても、いずれは敵に敗北してしまうものだ。

だからこそ『名将の指揮するところ全軍はこれに従って動き、名将の指示するところ、全軍は進んで死をえらぶ』といわれるのだ」

四

呉子曰く、「凡そ戦(いくさ)の要は、必ず先ず其の将を占うて其の才を察し、其の形に因(よ)りて其の権を用うるときは、則(すなわ)ち労せずして功挙(あ)がる。

其の将愚(ぐ)にして人を信ずるは、詐(いつわ)りて誘(いざな)うべし。貪(むさぼ)りて名を忽(ゆる)がせにするは、貨して賂うべし。変を軽んじ謀なきは、労して困せしむべし。上富んで驕り、下貧しくして怨むは、離して間つべし。進退疑多く、其の衆依るなきは、震わして走らすべし。士、其の将を軽んじて、帰志あるは、易を塞ぎ険を開き、邀えて取るべし。進む道は易く、退く道は難きは、来りて前ますべし。進む道は険しく、退く道は易きは、薄りて撃つべし。軍を下湿の水通づる所なきに居けるに、霖雨数々至らば、灌ぎて沈むべし。軍を荒沢の草楚幽穢なるに居けるに、風飆数々至らば、焚いて滅ぼすべし。停まること久しくして移らず、将士懈怠し、其の軍備えざるは、潜にして襲うべし」と。

呉子はいわれた。

「戦いのポイントは、敵将のことをよく調べ、その才能を見抜き、相手の動きに応じて臨機応変の処置をとれば、苦労しないで功績をあげることができるものだ。

敵将が愚かで軽々しく人を信用するようであれば、だまして誘い出すこともできるし、貪欲で恥しらずな者であれば、賄賂（わいろ）をつかませて買収することだ。状況の変化を軽く考える思慮のとぼしい者であれば、あの手この手で翻弄（ほんろう）し、疲れ苦しめることができる。

敵将が富んでおごりたかぶり、その部下の者が貧しくて不満をもっているようであれば、これを助長し、離間させることである。

敵将が進退に優柔不断で、部下たちがなにに頼ったらよいのか、わからないでいる時には、驚かせて敗走させることである。

兵士が自分の指揮官を馬鹿にして戦意を喪失し、帰心がみなぎっているようであれば、逃げやすい道をふさぎ、険しい道を開いておいて、そこで迎え撃ち殲滅（せんめつ）することができる。

進みやすく退却しにくい道では、行きすぎたところを撃てばよい。進みにくくて退却しやすい道では、こちらから討って出ればよい。

敵軍が低湿地に駐屯していて、水のはけ口もなく、おまけに長雨がつづいているような場合には、水攻めで溺れさせることだ。

敵が荒れた沢地に駐屯していて、雑草や灌木が繁茂しており、おまけにつむじ風がしきりに吹きつのるようであれば、火をつけて焼きほろぼすがよい。

敵が駐屯したまま動こうとせず、将兵ともにだらけ、軍備も十分でないような場合には、陣中深く潜入して奇襲するのがよい」

五

武侯、問うて曰く、「両軍相望んで、其の将を知らず、我之を相んと欲す、其の術如何」と。

起、対えて曰く、「賤しくして勇あるものをして、軽鋭を将て、以て之を嘗み、北ぐるに務めて、得るに務むるなからしむ。

敵の来るを観るに、一たびは坐し一たびは起ち、其の政以て理まり、其の北ぐるを追うては佯りて及ばざるまねし、其の利を見ては佯りて知らざるまねす。此の如き将は名づけて智将となす。与に戦うこと勿れ。

若し其の衆讙譁し、旌旗煩乱し、其の卒自ら行き自ら止まり、其の兵、或は縦或は横、其の北ぐるを追うては及ばざるを恐れ、利を見ては得ざるを恐る。此れを愚将となす。衆しと雖も獲べし」と。

武侯は尋ねた。

「敵味方の両軍が対峙している時、まだ敵将のことがよく分らない場合、それを知るにはどうすればよいか」

呉起は答えていった。

「身分は低いが勇敢な者を選び、敏捷で気鋭の兵士を率いて試みてみることです。彼らには、もっぱら逃げることを心がけるようにさせ、勝利をおさめようとさせてはいけません。

敵が彼らを追って攻めてくるのを観察し、その兵卒たちの一挙一動に、軍規がどの程度ゆきわたっているか、追撃する際にも、わざと追いつけないようにみせたり、有利とみてもわざと気づかないふりをして誘いに乗らないようであれば、その敵将は智将というべきで、こんな場合には戦わないことです。

しかしその反対に、隊内がさわがしく、旗差し物も乱れ、兵卒はてんでんばらばらに動き、隊列が縦になったり横になったりで整わず、逃げる者を追おうとしてあせり、利益があると認めると、やたらそれを得ようとがっつくようであれば、その敵将は愚将というべきで、どんな大軍であっても捕虜にすることができましょう」

第五篇　応　変（変化に対処する）

一

武侯、問うて曰く、「車堅く馬良く、将勇に兵強きに、卒に敵人に遇い、乱れて行を失わば、則ち之を如何せん」と。

起、対えて曰く、「凡そ戦の法、昼は旌旗旛麾を以て節となし、夜は金鼓笳笛を以て節となし、左に麾けば左し、右に麾けば右し、之に鼓すれば則ち進み、之に金すれば則ち止まり、一たび吹いて行き、再び吹いて聚まり、令に従わざるものは誅す。三軍、威に服し、士卒、命を用うれば、則ち戦うに強敵なく、攻むるに堅陣なし」と。

武侯は尋ねた。

「車は堅牢で、馬は良く、指揮官は勇ましく、兵は強兵だが、そのような軍隊でも、突然、奇襲をうけ、混乱して隊伍が乱れたような場合にはどうすればよいか」

呉起は答えていった。

「およそ、戦いのきまりとしては、昼は旗や采配(さいはい)を用いて合図と定め、夜は鳴り物を用いて合図と定めております。

采配を左へふれば、兵士は左へ向い、采配を右へふれば、兵士は右へ向い、太鼓をたたけば進み、鐘をならせば停まるものです。さらに一度笛を吹けば行進し、二度吹けば集合いたします。

その命令に従わない者は成敗し、全軍が威光になびき、士卒が命令どおり動けば、すなわち戦うところ強敵なく、攻めるところ堅陣なしというものです」

二

武侯、問うて曰く、「若し敵衆く我寡くば、之を為すこと奈何」と。
起、対えて曰く、「之を易に避け、之を阨に邀う。故に曰く、『一を以て十を撃つは、阨より善きは莫く、十を以て百を撃つは、険より善きは莫く、千を以て万を撃つは、阻より善きは莫し』と。

今、少卒あり、卒に起りて阨路に金を撃ち鼓を鳴らすときは、大衆ありと雖も、驚き動かざるなし。故に曰く、『衆を用うるものは易を務め、少を用うるものは隘を務む』」と。

武侯は尋ねた。

「もし敵が大軍で、味方が少ない場合には、どうすればよいか」

呉起は答えていった。

「そういう場合には、平坦な土地では戦さを避け、狭く険しい地形のところに誘いこむのがよいでしょう。

だからこそ『一の兵力で十の敵を討つには狭い土地であたるのが最善であり、十の兵力で百の敵にあたるには、険しい地形の土地で戦うのが最善、千の兵力で万の敵にあたるには、障害の多い土地で戦うのが最善だ』といわれるのです。今、仮りに少数の兵士がいたとして、彼らが敵の不意を衝き、狭い土地で鐘を打ち鳴らし、太鼓をたたいて攻めれば、大軍といえども驚きあわてるものです。

これが『多数の兵のさいは、平原での戦いが有利で、少数のさいには狭い土地での戦いが有利だ』といわれるゆえんであります」

三

武侯、問うて曰く、「師あり甚(はなは)だ衆く、既に武且(ぶか)つ勇にして、大を背(うしろ)にし険を阻(へだ)て、山を右にし水(かわ)を左にし、溝を深くし塁を高くし、守るに強弩(きょうど)を以てし、退くことは山の移るが如(ごと)く、進むことは風雨の如く、糧食又多く、与に長く守り難きときは、則ち之を如何せん」と。

起、対えて曰く、「大なる哉問や。此れ車騎の力に非ず、聖人の謀なり。能く千乗万騎を備え、之に徒歩を兼ね、分ちて五軍となし、各々一衢に軍せよ。夫れ五軍五衢ならば、敵人必ず惑うて、加うる所を知るなからん。敵若し堅く守りて、以て其の兵を固くせば、急に間諜を行りて、以て其の慮りを観よ。

彼、吾が説を聴かば、之を解いて去れ。吾が説を聴かずして、使を斬り書を焚かば、分って五戦を為せ。

戦い勝つとも追うこと勿れ。勝たずんば疾く走れ。

是の如く佯り北げ、安に行き疾く闘い、一は其の前を結び、一は其の後を絶ち、両軍枚を銜み、或は左し或は右して、其の処を襲い、五軍交々至らば、必ず其の利あらん。此れ強を撃つの道なり」と。

武侯は尋ねた。

「敵軍の兵力が非常に多く、武勇にすぐれており、大きな山を背にして要害の地に拠り、右手に山、左手に川、濠(ほり)は深く、砦は高く、おまけに強力な弩(いしゆみ)で守備を固めている。

退くときはあたかも山のように堂々としており、風雨が吹きつのるようにはげしく、食糧もまた十分である。このような敵と長く対峙していたのでは、味方の不利になると思うが、こうした場合にはどう対処したものであろうか」

呉起は答えた。

「その質問は重要な問題です。これは武器の強弱などではなく、聖人の智謀、つまり戦略上の問題です。

千輛の戦車、一万の騎馬兵、それに歩兵をあわせ、さらに全軍を五つに分けて、それぞれの道に布陣させます。

五つの軍が五つの道に布陣していれば、敵はどこを攻めればよいか、迷うことになりましょう。

敵がもし守備を固めるようであれば、急いで間者を送りこみ、敵の意図をさぐることです。

そこで敵が、こちらの言い分を受け入れるようであれば、囲みを解いて去りますが、万一、受け入れず、こちら側の間者を斬り、文書を焼き捨てるようであれば、いよいよ戦闘開始です。

すでに五つに分けて配置した軍隊に進軍を命じますが、たとえ戦いに勝っても追い討ちをかけないようにし、手ごわいとみたら、すかさず退くように心がけます。

このように余力を残してわざと逃げ、整然と行動して、すばやく戦うことが大切です。

一つの軍は前方の敵を釘づけにし、一つの軍は後方を分断し、別の二軍は、隠密に右や左へ動き、そして別の一軍が急襲するなど、五つの軍がつぎつぎに攻めたてれば、必ず勝利は間違いなしです。

これが強敵を攻める方法です」

四

武侯、問うて曰く、「敵近づいて我に薄り、去らんと欲すれども路なく、我が衆甚だ懼れば、之を為すこと如何」と。

起、対えて曰く、「此を為すの術、若し我衆く彼寡くば、分って之に乗ぜよ。彼衆く我寡くば、方を以て之に従え。之に従いて息むことなくば、衆しと雖も服すべし」と。

武侯は尋ねた。

「敵に攻められ、退くにも道はなく、兵卒たちも不安におちいっているような場合は、どうすればよいか」

呉起は答えていった。

「これに対処するためには、もし味方が多数で敵が少数の場合は、部隊を分散させて代わるがわる討ち、敵が多数で味方が少数の場合は、策をめぐらして相手の隙をねらい、継続的に敵を攻めたてれば、たとえ多数であっても屈服させることができます」

五

武侯、問うて曰く、「若し敵に渓谷の間に遇い、傍に険阻多く、彼衆く我寡くば、之を為すこと奈何」と。

起、対えて曰く、「諸に丘陵・林谷・深山・大沢に遇わば、疾く行き亟かに去りて、従容を得ること勿れ。若し高山・深谷に、卒然として相遇わば、必ず先ず鼓譟して之に乗じ、弓と弩とを進め、且つ射且つ虜にし、審かに其の治乱を察せよ。則ち之を撃って疑うことなかれ」と。

武侯は尋ねた。

「敵と渓谷でぶつかり、周囲の地形は険しく、しかも相手が多数で味方は少数といった場合にはどうしたらよいか」

呉起は答えていった。

「丘陵や森林、深い谷や険しい山、大きな沼沢地などは、ぐずぐずしないで通過することです。万一、深山幽谷でいきなり敵と遭遇した場合は、機先を制して相手を驚かせ、制圧することです。弓や弩を射かけながら攻めたて、敵を捕えます。敵軍の混乱を見きわめた上で、ためらうことなく追撃すれば勝利は間違いありません」

六

武侯、問うて曰く、「左右高山にして、地甚だ狭迫なるに、卒に敵人に遇うて、之を撃つことも敢てせず、之を去ることも得ずんば、之を為すこと奈何」と。

起、対えて曰く、「此れを谷戦と謂う。衆しと雖も用いられず。吾が材士を募りて、敵と相当り、軽足利兵、以て前行と為し、車を分ち騎を列ねて、四旁に隠れ、相去ること数里にして、其の兵を見わすことなかれ。

敵必ず陣を堅くして、進退敢てせじ。是に於て旌を出し旆を列ね、行きて山外に出でて之に営せよ。敵人必ず懼れん。車騎之を挑んで、休するを得しむることなかれ。此れ谷戦の法なり」と。

武侯は尋ねた。

「左右に山がそびえたち、地形は狭く、身動きできないようなところで、急に敵に遭遇して、攻めることもためらわれ、退くにも方策がないような場合はどうしたらよいものか」

呉起は答えていった。

「これを谷間の戦いと申します。

多数の兵がいても役にたちません。味方の兵のうちから武術にすぐれた者を選び、敵にあたらせます。そして身の軽い精鋭を先頭に立たせ、戦車や騎兵を分散させて四方に潜伏させせます。敵との間に数里の距離をおき、相手に見つからないようにいたします。

そうすれば、敵は必ず陣を固く守って、進みも退きもできなくなるでしょう。そこで旗差し物を押したてて、山かげからあらわれれば、敵は恐れるに違いありません。この好機をとらえて、隠しておいた戦車や騎兵を出動させ、休む間もなく攻めかかることです。これが谷間での戦いかたであります」

七

武侯、問うて曰く、「吾、敵と大水の沢に相遇い、輪を傾け轅を没し、水、車騎に薄り、舟揖設けず、進退得ずんば、之を為すこと奈何せん」と。

起、対えて曰く、「此れを水戦と謂う。車騎を用うることなく、且く其の傍に留まり、高きに登りて四望せば、必ず水情を得ん。其の広狭を知り、其の浅深を尽し、乃ち奇を為して以て之に勝つべし。敵若し水を絶らば、半ば渡して之に薄れ」と。


武侯は尋ねた。

「敵と、大きな沼沢地で遭遇し、車輪はぬかるみに落ち、轅は水につかり、いずれも水びたしのありさまで、おまけに舟の用意もなく、進退に窮したような場合には、どうすればよいか」

呉起は答えていった。

「これを水辺の戦いと申します。戦車や騎兵は役に立ちませんから、しばらく待機させ、高い所に登って四方を観望することです。そうすれば水の状況がわかりますし、その幅の広いところ、狭いところをはじめ、浅い箇所、深い箇所なども手にとるように見てとれます。

そこではじめて策略をめぐらし、敵を急襲して勝つことができます。もしも敵が水を渡って攻めてきたならば、兵員がなかば渡りかかったところを攻めることです」

八

武侯、問うて曰く、「天久しく連雨して、馬陥り車止まり、四面に敵を受け、三軍驚駭せば、之を為すこと奈何」と。

起、対えて曰く、「凡そ車を用うるものは、陰湿なるときは則ち停まり、陽燥なるときは則ち起り、高きを貴び下きを賤む。其の強車を馳せて、若しくは進み若しくは止まるに、必ず其の道に従う。敵人若し起らば、必ず其の迹を逐え」と。

武侯は尋ねた。

「長雨つづきで馬はぬかるみにはまり、車も動かないようなときに、四方から敵の攻撃をうけ、全軍が驚きあわてふためいている場合は、どうすればよいか」

呉起は答えていった。

「およそ、戦車を用いるには、雨降りや湿ったときは動かさず、陽がさし、道が乾燥しているときに動かすものです。

土地の高いところを選び、低いところは避けるべきです。頑丈な車を走らせ、進むにしても停まるにしても、必ず道理に従うように努めるべきです。

敵軍がもしも行動を起こすようなら、不利な点では同じですから、後を追って行くことです」

九

武侯、問うて曰く、「暴寇卒に来りて、吾が田野を掠め、吾が牛馬を取るときは、則ち之を如何せん」と。

起、対えて曰く、「暴寇の来るや、必ず其の強きを慮り、善く守りて、応ずること勿れ。彼将に暮に去らんとするとき、其の装必ず重く、其の心必ず恐れ、還り退くこと速なるを務め、必ず属かざること有らん。追うて之を撃たば、其の兵覆すべし」と。

武侯は尋ねた。

「凶悪な敵がいきなり侵入してきて、わが国土をおかし、牛や羊を略奪していくような場合はどうすればよいか」

呉起は答えていった。

「乱暴な敵が侵入してくるのは、必ず自分の勢いをたのんでのことです。ですから守ることに努めて、相手になってはなりません。勝ちだした敵は、日暮になって引き上げようとするときには、戦利品でずっしりと荷物も重く、恐れているため、帰りを急ぎ、隊列も途切れがちになるものです。

そこで追い討ちに出れば、味方の勝利、間違いなしです」

十

呉子曰く、「凡そ敵を攻め城を囲むの道、城邑(じょうゆう)既に破れば、各々其の宮に入り、其の禄秩(ろくちつ)を御し、其の器物を収めよ。軍の至る所は、其の木を刊(き)り、其の屋(おく)を発(あば)き、其の粟(ぞく)を取り、其の六畜を殺し、其の積聚(ししゅう)を燔(や)くことなく、民に残心なきを示せ。其の降(くだ)るを請うあらば、許して之を安んぜよ」と。

呉子がいわれた。

「およそ敵を攻め、城を囲むには、それなりの方法がある。

町や村を占領し、部隊が駐屯したら、役人たちを制圧し、その財貨を没収する。軍が進駐した土地で、勝手に材木を伐り、建物を荒らし、民家に略奪に入り、穀物を奪い、家畜を屠り、財産を焼き払うようなことはしないということを、住民たちに向ってしめし、降伏してくる者があれば、それを許して安心させてやることである」

第六篇　励　士　（兵をはげます）

武侯、問うて曰く、「刑を厳にし賞を明かにするは、以て勝つに足るか」と。

起、対えて曰く、「厳明の事は、臣、悉すこと能わず。然りと雖も、恃むところに非ざるなり。夫れ号を発し令を施して、人聞くことを楽しみ、師を興し衆を動かして、人戦うことを楽しみ、兵を交え刃を接えて、人死することを楽しむ。此の三つのものは、人主の恃む所なり」と。

武侯曰く、「之を致すこと奈何せん」と。

対えて曰く、「君、功あるを挙げて、進めて之を饗し、功なきをば之を励ませ」と。

是に於て、武侯、坐を廟庭に設けて、三行と為し、士大夫を饗す。上功は前行に坐し、餚席に重器上牢を兼ぬ。次功は中行に坐し、餚席に器、差減ず。功なきは後行に坐し、餚席に重器なし。饗、畢りて出ず。又、功あるものの父母妻子に、廟門の外に頒賜し、亦、功を以て差となす。事に死するの家あれば、歳ごとに、使者をして其の父母に労賜せしめ、心に忘れざるを著わす。之を行うこと三年。秦人、師を興して、西河に臨む。魏士、之を聞き、吏の命を待たず、介冑して奮って之を撃つもの、万を以て数う。

武侯、呉起を召して謂って曰く、「子が前日の教、行わる」と。

起、対えて曰く、「臣聞く、人に短長あり、気に盛衰あり。君、試に功なきもの五万人を発せよ。臣、請う、率いて以て之に当らん。脱其れ勝たずんば、笑を諸侯に取り、権を天下に失わん。今、一の死賊をして曠野に伏せしめば、千人之を追うに、梟視狼顧せざるなからん、何となれば、其暴に起りて己を害せんことを恐るればなり。是を以て、一人、命を投ずれば、千夫を懼れしむるに足る。今、臣、五万の衆を以てして、一の死賊となし、率いて以て之を討ぜば、固に敵し難からん」と。

是に於て、武侯、之に従う。車五百乗、騎三千匹を兼ねて、秦の五十万の衆を破る。此れ士を励ますの功なり。

戦に先だつこと一日、呉起、三軍に令して曰く、「諸の吏士、当に従うて敵の車騎と徒とを受くべし。若し車、車を得ず、騎、騎を得ず、徒、徒を得ずんば、軍を破ると雖も、皆、功なしとせん」と。

故に戦の日に、其の令煩わしからずして、威、天下に震う。


武侯は尋ねた。

「賞罰を公正にすれば、勝利を得られるだろうか」

呉起は答えていった。

「その件につきましては、私ごとき者には十分説明いたしかねます。しかし賞罰そのものは、勝利の頼りになるものではないでしょう。もともと号令を発したり、命令を公布したりするとき、それに喜んで服従し、軍隊を出動させ、大衆を動員するとき、人々がふるって出陣し、敵と刃をまじえ、いさぎよく生命を投げ出そうとする。この三つのことが、君主の頼りとなるものなのです」

武侯は尋ねた。

「どうすればそうなるのだろうか」

呉起は答えていった。

「主君が、功績のある者を取り立てて饗応し、功績のなかった者をはげますようにすることです」

そこで武侯はその進言を容れて、廟前で宴会を開き、家臣たちを三列に並べて饗応した。

最高の功績をあげた者は前列に座らせて、上等の器に上等の料理を盛ってもてなした。それにつぐ者は中の列に座らせ、皿数もやや少なめにした。また功績のなかった者は、後列に座らせ、料理の数もわずかとした。

また饗宴が終わって退去する際には、功績のあった者の父母や妻子には、廟の門外で土産物を贈った。そのときにも、功績のあるなしで差をつけた。

戦死した者の家族には、毎年、使者を送って父母をねぎらい、贈り物をつかわし、功績を忘れないでいることを知らせた。

こうして三年たったとき、秦が兵を起し、西河（河南省湯陰県付近）まで攻めてきた。

魏の家臣たちはそれを聞くと、上からの命令を待たずに、みずから鎧兜に身を固め、敵を迎え打とうとする者が数万人にのぼったほどだった。

武侯は呉起を呼びよせていった。

「あなたの教えのとおりやってみたのだが……」

呉起は答えていった。

「人間には長所と短所があり、意欲には盛んなときと衰退するときがあるものです。どうか功績のなかった者を五万人ほど徴集してみて下さい。私は彼らを率いて敵と戦って御覧にいれましょう。

万一、敵に勝たなければ諸侯の物笑いの種となり、天下の主導権を失うことになります。

たとえば、死にもの狂いの賊が一人、広野に潜んでいたとします。これを千人で追ったところで、びくびくして落ち着かず、不安がるのは追手のほうです。なぜならば、賊がいつ襲ってくるかもしれないと、それを恐れるからです。ですから一人でも生命を投げ出す気になれば、千人の男たちを恐れさせることができます。

今、私が五万の兵を、この死にもの狂いの賊と同様に仕込み、彼らを率いて敵を討ちさえすれば、おそらく敵もかないっこないでしょう」

そこで武侯はその進言を容れ、五万の兵に戦車五百台、騎兵三千を加えて、五十万の秦軍を破ることができた。これは士をはげました結果である。

戦いの前日、呉起は全軍に命令していった。

「武官や兵士たちよ。

敵の戦車、騎兵と歩兵、それぞれに対応して戦うことだ。もしも戦車隊が敵の戦車隊を捕捉できず、騎兵が騎兵を打ち破れず、歩兵が歩兵を討滅できないようであれば、敵軍を破ったとしても、功績があるとはいえない」

このようにしたから、戦いの当日には、いちいち命令を下すまでもなく、魏の勢威が天下を震撼(しんかん)させたのである。

※本稿については、明の劉寅が著した『七書直解』を底本とし、他に諸家の註本を参照した。

「呉子」解説

竹内靖雄

古代中国の兵法書の中でも、春秋末期の孫武の作とされる『孫子』十三篇は、古代ギリシアの幾何学でいえばユークリッド（エウクレイデス）の『ストイケイア（原論）』十三巻に相当する「兵法原論」の地位を占める。そこには体系的にまとめられた合理的な戦略思考の精華がある。のちに『呉子』『尉繚子』『三略』『六韜』などと一緒にして「武経七書」と呼ばれたりしたけれども、『孫子』にとってかわるような「兵法原論」の決定版はその後の中国に現れていない。

戦国時代の呉起を主人公として、その言動を伝える形で書かれた『呉子』は、後世につくられた偽書ともいわれるが、こちらは特定の君主を前にして、特定の仮想敵国の攻略法を披露したり、困難な状況や局面でどうすればよいかという難問に答えたりする点で、『孫子』にはない具体的な議論が多い。その意味では『呉子』の方が実際的で役に立ちそうに見える。とはいっても、この本は今日の経営戦略としてもお手軽に利用できそうな各種のノウハウを並べたものではない。むしろ、具体的な状況の下でその戦略・戦術が有効であるかどうかを分析し、議論するための演習問題集として読むのが正しい。『呉子』の面白さもまさにその点にある。

簡潔な定理と証明だけを並べたような『孫子』とは違って、『呉子』は、呉起が魏の文侯の質問に答えて戦争や戦略を論じるというスタイルをとっている。その弁舌には儒教風のお説教に近いものも混じっているが、呉起は軍事の専門家であって、儒者ではない。彼がしばしば君主にもある種の徳を要求するのは、実はリーダーに徳があれば戦争も統治もうまくいくという意味で、徳＝得だからであろう。それは損得勘定に徹した合理主義の立場である。また、戦争を始めるにあたっては、祖先の霊廟に報告し、亀甲を焼いて占い、「吉」と出てはじめて行動を起こすべきだと説いている。これを古代人の迷信ではないかと笑ってはいけない。占いや神託が無視できない時代には、このような手順を踏む方が、世論の支持を集め、内部の結束を固めるのに有効であるとすれば、そうするのが合理的なのである。さらに、人を動かすのに信賞必罰や能力主義を強調するところなど、その発想はのちの商鞅(しょうおう)や韓非(かんぴ)のような法家のそれにきわめて近い。

その『呉子』の中にも、『孫子』と同じく多戦多勝を否定した議論がある。呉起によれば、戦争に勝つこと自体はやさしい。勝って得た成果を守ることがむずかしいのである。そこで、グローバルな規模の戦争をして五回も勝つようでは禍がある。四回勝てば疲弊して自滅する。三回勝てば覇者となる。二回勝てば王となる。一回だけ勝てば皇帝となる、というのである。

これはなかなか難解な説であるが、それだけに面白い演習問題になる。

戦国時代にライバル六国をことごとく倒して秦帝国をつくった始皇帝は、多くの戦争で勝利を重ねることで天下統一に到達している。甲子園の高校野球と同じで、全国制覇をなすためには数多くの相手と戦ってことごとく勝たなければならない。もちろん、最強の秦がシードされる立場にあるなら、六国の中で勝ち残った一国と決勝戦だけを戦って優勝者となることもありうる。しかし実際には、秦は単独で六国を次々に倒すことで優勝者となっている。呉起の説はこのケースにはあてはまらない。

一方、天下統一にいたる一連の戦争を一つのものと見るなら、呉起のいうことはもっともである。帝国が成立した時点でトーナメント式の戦争は終わりになるはずで、その後帝国が外部に大遠征をしかけたり、他の帝国と大戦争を繰り返したりするようでは、この帝国は力を消耗し、やがて自壊する。秀吉は日本を統一して小帝国をつくった後、明という大帝国に戦いを挑もうとして挫折した。呉起にいわせると、これは余計な戦争だったということになる。ナポレオンは全ヨーロッパ帝国の建設をめざして連戦連勝したが、最後は負け戦を重ねて滅びた。この場合にも呉起の説があてはまる。一般に、戦争を繰り返して勝ちつづけたとしても、その場合には累積コストも大きくなり、将来の大敗の原因をつくる。どんな天才でも永久に連戦連勝することなどありえないのである。

具体的な戦況の変化を想定し、それに対処する方法を鮮やかに説明してみせた第五篇「応変」についても、呉起の説くところを唯一の正解であるかのように鵜呑みにしてそれを墨守するのではつまらない。質疑応答を通じてそれが本当に有効であるかどうかを吟味し、別の可能性も探るなど、戦略的思考の訓練に役立てるべきであろう。

もちろん、『呉子』には古代中国の実戦にもとづく有用な提案が数多く含まれている。第三篇「治兵」や第六篇「励士」を見ると、軍隊の統率・指揮、士気を高める兵士の使い方から軍馬の扱い方にいたるまで、痒いところに手の届くような細かい指示が与えられている。戦争に勝つためには、敵を知り、己を知り、戦略の基本から実戦のノウハウまで、戦争についてよく知ることが不可欠である。戦争という国家のビジネスをそのような「知のゲーム」と見るのが『呉子』の基本的な立場なのである。そのことは、第四篇「論将」の、「勇将」よりも「知将」を重視する考え方にもよく現れている。

最後に、プロの軍事戦略家としての呉起自身の生き方に注目しておきたい。

古代中国では諸子百家と呼ばれる知識人（ギリシアのソフィストの中国版）が活躍したが、中でも外交・統治・軍事などのノウハウを身につけた者は遊説家となって各国を渡り歩き、王侯に近づいて、外交顧問や雇われ宰相・将軍として活躍するチャンスをつかもうとした。これは危険なビジネスである。得意の弁舌や奇抜な戦略を披露するのはいいが、実績がともなわなければたちまちクビを切られる。かといって、成功して重用されるようになると、今度は妬みや恨みを買い、讒言や罠を仕掛けられて非業の最期をとげることも少なくない。

孫子（孫武）の子孫の兵法家孫臏は、かつて一緒に兵法を学んだ龐涓からその才能を妬まれて、罪に陥れられ、両足を切断された上、いれずみを施された。商君（公孫鞅）は魏や秦で活躍したが、最後は殺され、その死体は車裂きにされた。合従を説いた蘇秦は一時は六国の宰相を兼ねるほどの国際的大政治家だったが、刺客に刺され、斉王に、自分の遺体を謀反人として市場で車裂きの刑に処すようにと言い残して死んだ（実はこれが蘇秦の仕掛けた最後の罠で、手柄顔で現れた下手人は誅殺されたのである）。李斯は諸侯に遊説し、秦で成功をおさめた。ライバルとなる韓非子がやってくるとうまく排除し、始皇帝を補佐して活躍したが、始皇帝の死後、宦官の趙高のために罪を着せられ、市場で処刑された。

呉起もまたその身を全うすることができなかった点で彼らと同類である。呉起は衛の人で、魯で将軍になろうとしたが、信用されない。妻が斉の人だったことから、斉のために利益をはかるのではないかと疑われたのである。そこで呉起は妻を殺して魯の将軍に抜擢された。その後も信用されなかったので、魯を捨てて魏に行って売りこみ、活躍するが、ここでも嫌われて罠を仕掛けられ、楚に逃げる。楚では宰相のポストを与えられた。しかしパトロンである悼王の死後、反対派に殺される。その時呉起はわざと悼王の屍の上に打ち伏したので、呉起を襲った者たちは呉起とともに王の屍にも矢を射かけた。太子が即位すると、王の屍を射た者はその罪を問われてことごとく殺された。さすがは稀代の兵法家、呉起もまた自分の死後に復讐が果たされるように最後の知恵をしぼったのである。

このように、その弁舌と才能によって君主を説得し、軍事・外交の顧問として活躍した戦略家たちの多くは、一時的には売り込みに成功しても、肝心の自分自身の人生を成功に導く戦略においては悲惨な失敗に終わっている。『呉子』のような兵法書は、それほどまでに危険な仕事に命を賭けていたプロの戦略家の言動を伝えるものである。それを頭において読めば、単なる戦略のノウハウ本を超える凄みを感じとることができるであろう。

（たけうち・やすお　成蹊大学名誉教授）

解説

湯浅邦弘

明治二十七年（一八九四）八月、日清両国は宣戦を布告し、翌月、陸上では平壌の戦い、海上では黄海海戦によって本格的な戦闘が開始された。近代日本陸海軍が初めて経験する対外戦争「日清戦争」である。

同年三月、その開戦を予言するかのような本が出版された。西村豊『孫子呉子講義』（学友館）である。西村は『孫子』と『呉子』とを一冊にまとめて講義する理由を次のように語る（旧漢字は新字体に、カタカナはひらがなに改める）。

孫呉は兵書の空前絶後を為すと謂つべし。然れども呉子を知らんと欲せば孫子を読まざるべからず、孫子を知らんと欲せば、呉子を読まざるべからず。故に孫呉は一部合体のものと見做して講究せば思半ばに過ぎん。

空前絶後の兵書『孫子』と『呉子』。しかし、『呉子』を知ろうと思えば、『孫子』を読まなければならず、『孫子』を知ろうと思えば、『呉子』を読まなければならない。二つを真に理解するためには、両書を一体のものとみなして講究することが肝要だというのである。切迫した軍事情勢がこの本を世に出したとも言えよう。

では、『孫子』と『呉子』を一体とする見方は、いつ頃からあったのだろうか。古代中国の伝承によれば、今から二千数百年前の戦国時代、『孫子』と『呉子』は家ごとに蔵有され、軍事を議論する者は必ず『孫子』『呉子』に言及したという。早くから孫子と呉子とが兵法の両雄とされていたことがわかる。

それから千年の後、北宋時代に『孫子』『呉子』を初めとする七つの兵書が「武経七書」としてまとめられ、以後、この「七書」が武の経典として高い価値を持つようになった。日本にも伝来し、慶長十一年（一六〇六）、徳川家康は木製活字による伏見版『七書』を刊行した。『孫子』と『呉子』は兵法書の筆頭として我が国でも読まれていたのである。

ただ、七書の中から『孫子』と『呉子』だけを切り出して合冊にするという試みは明治時代になって顕著となるようだ。右の西村『孫子呉子講義』はその代表であるが、その二年前の明治二十五年九月、小宮山綏介『老子列子孫子呉子』(博文館)が刊行されているのも注目される。

この書は、「支那文学全書」の一冊として、『老子』『列子』『孫子』『呉子』の四部の古典を合冊にしたものである。通常、道家の『老子』と対にされるのは『荘子』であるが、分量の関係で、『荘子』はこのシリーズ中、単独で一冊となって刊行されている。それに代わって『列子』が入ったものであろう。

ただ留意したいのは、この本の構成である。四つの書が並列の関係になっているのではなく、中扉を挟んで「老子講義・列子講義」と「孫子講義・呉子講義」とから成っているのである。つまり著者の意識としては、『老子』と『列子』、『孫子』と『呉子』とがそれぞれ対になっているということであろう。

ここで小宮山は、『孫子』については「和漢第一の書」として絶賛するとともに、『呉子』についても、軍事を講ずるものは必ず研究しなければならない書だと高く評価する。この「支那文学全書」の「孫子講義・呉子講義」も、西村の『孫子呉子講義』の先駆けとなるような本である。

そして、日清戦争勝利の後、明治二十九年（一八九六）八月に刊行されたのが、服部誠一講述『尚武評論孫呉講義』（誠之堂書店）であった。「中等教育和漢文講義」と銘打っている。大戦の勝利を受けて自信に満ちた『孫子』『呉子』講義が登場したと言えようか。ただ、興味深いのは、扉に記された、おそらくは版元が記したであろう次のような注意書きである。

近頃杜撰の類書多し。乞ふ講読の諸賢は服部氏講述の尚武評論孫呉講義を各書店に就き御指名あらん事を。

日清戦争の勝利を受けて、軍事関係書が次々と刊行されたのであろう。その中には低俗な本も多かったようだ。そうした俗書とは違うからこの本を買って読みましょうという宣伝文である。

いずれにしても、こうした近代日本の実戦体験をも踏まえて、我が国でも、

『孫子』と『呉子』は兵書の双璧とされ、今に至っている。

本書『孫子・呉子』(中公文庫)も、大きく見ればそうした歴史の流れの上にあると言えよう。ただ、初めから合冊だったのではなく、もともと別々に刊行されていた二つの書を一冊にしたものである。『孫子』は町田三郎氏、『呉子』は尾崎秀樹氏の訳。

それぞれ書き下し文、現代語訳、解説で構成されている。『孫子』と『呉子』が文庫一冊にまとめられたわけで、読者にとってはきわめてありがたい企画である。

もっとも、『孫子』『呉子』それぞれについて、個別に考えてみたい点はある。まず『孫子』については、町田氏が指摘するとおり、一九七二年に中国山東省で銀雀山漢墓竹簡が発見され、『孫子』研究に大きな進展があった。その中に、今の十三篇『孫子』に重なる文献『孫子兵法』と、戦国時代の斉の孫臏(そんぴん)に関わると思われる兵書『孫臏兵法』とが入っていたため、春秋時代の孫武、戦国時代の孫臏それぞれの兵書が出現したとして学界を大いに驚かせた。ただ、町田氏はきわめて慎重な態度を取り、ただちにそう考えてよいかは疑問だとする。

研究者としての姿勢が貫かれていると言えよう。

また、孫武・孫臏関係以外の大量の軍事関係書もその中には含まれていて、それらはようやく二〇一〇年になって、「論政論兵之類（ろんせいろんぺいのるい）」として公開された。これにより、『孫子』研究は今、さらに大きく前進しようとしている。つまり、銀雀山漢墓竹簡の『孫子兵法』と『孫臏兵法』との関係についての考察、および、「論政論兵之類」諸篇の分析である。これまでは十三篇の『孫子』しかなく、しかもそれが孫武の書なのか孫臏の書なのか、はたまた三国時代の魏の曹操の頃に偽作されたものなのか、という大きな謎があった。

しかし少なくとも、漢代以前の兵書であることは判明したわけで、それを起点に中国兵法の展開を考察することが可能となったのである。『孫子』と『孫臏兵法』とはどのような点が類似し、また異なるのか。「論政論兵之類」と仮称された多くの軍事関係書は何を語るのか。春秋時代から漢代に至る兵学の展開が解明されようとしている。

一方、『呉子』については銀雀山漢墓竹簡のような新資料の発見がない。依然としてその成立事情ははっきりしないが、古くから「孫呉」と並んで評価されていた点は重要である。もし『呉子』が『孫子』に劣る兵書であれば、並び称されることはなかっただろう。

その点について訳者の尾崎氏は、『呉子』が『孫子』とともに「激動の時代を生き抜く人間の探究書」であるからと指摘する。単なる兵書を超えた人間論の双璧という評価であろう。

ただ、『呉子』には、『孫子』にない何かがあり、人々はその点にも注目していたのではなかろうか。これについて参考にしたいのは、秋山真之（あきやまさねゆき）による評価である。明治の海軍軍人（最終階級は海軍中将）として名高い秋山は、『孫子』の兵法に見られる「奇正」（奇策と正攻法との柔軟な組み合わせ）観念を受け継ぎながらも、むしろ呉子（呉起）を高く評価する。秋山は、自らの「海軍基本戦術」の冒頭、「古今の名将達士」を列挙するが、そこに孫子の名は見えない。中国の兵法家で名があがっているのは呉子のみである。

これはなぜだろうか。その理由として考えられるのは、呉子の実戦活動である。呉子は、魏の将軍として、秦の大軍をたびたび退けたという。「名将達士」としてふさわしいということであろう。これに対して孫子には、智謀に関する故事はあっても、戦場での実績について詳しい伝記が残っていない。

　また、『呉子』応変篇に「水戦」の思想が見られる点も、海軍軍人の心に響いたのかもしれない。『孫子』の兵法が前提とするのは陸上戦であるが、『呉子』には一部、川や沼沢地に配慮した思想が見られる。

　そして、徹底した合理主義を説く『孫子』に対して、『呉子』が戦争における「仁」の重要性を説いている点も、共感を得たのではなかろうか。日本古来の兵法をも重視した秋山には、戦争における「仁」、言わば戦いの美学に触れた『呉子』こそが好ましいと感じられたのかもしれない。

　ともあれ、『孫子』『呉子』の比較検討は、両書が合冊されることによって大いに促進されるであろう。二つの兵書を併読し、それぞれの真価に迫ってみよう。そして、「孫呉」と並び称される理由についても改めて考えてみたい。


（ゆあさ・くにひろ　大阪大学教授）

本書は『孫子』（一九七四年九月、中公文庫／二〇〇一年十一月、同改版）と、『呉子』（一九八七年六月、教育社刊／二〇〇五年九月、中公文庫）を合本したものです。

中公文庫

孫子・呉子

2018年 8月25日　初版発行

訳　者　町田三郎
　　　　尾崎秀樹

発行者　松田陽三

発行所　中央公論新社
〒100-8152　東京都千代田区大手町1-7-1
電話　販売 03-5299-1730　編集 03-5299-1890
URL http://www.chuko.co.jp/

ＤＴＰ　嵐下英治
印　刷　三晃印刷
製　本　小泉製本

Published by CHUOKORON-SHINSHA, INC.
Printed in Japan　ISBN978-4-12-206631-1 C1110

中公文庫既刊より

各書目の下段の数字はISBNコードです。978－4－12が省略してあります。

S-16-1
中国文明の歴史1 中国文化の成立
水野清一責任編集
北京原人が出現した太古の時代から中国文化の原型が成立した殷・周までの時代を、考古学の最新成果を駆使して描く大いなるドラマ。〈解説〉岡村秀典
203776-2

S-16-2
中国文明の歴史2 春秋戦国
貝塚茂樹責任編集
周王朝の崩壊とともに中国古代社会の秩序は崩れ、世は実力主義の時代となる。諸国の君主は虎視眈々と機会を窺い富国強兵策に狂奔する。〈解説〉松井嘉徳
203621-5

S-16-3
中国文明の歴史3 秦漢帝国
日比野丈夫責任編集
法律と謀略と武力のかたまりだった秦は、わずか十余年で亡ぶが、受けつぐ漢は、前後四世紀にわたる安定した王朝となる。〈解説〉冨谷　至
203638-3

S-16-4
中国文明の歴史4 分裂の時代 魏晋南北朝
森　鹿三責任編集
北方民族と漢族の対立抗争で、三国時代・五胡十六国・南北朝と政権は四分五裂。一方、仏教が西方から招来、ヒミコの使者が洛陽訪問。〈解説〉氣賀澤保規
203655-0

S-16-5
中国文明の歴史5 隋唐世界帝国
外山軍治責任編集
分裂を隋が統一し唐が世界帝国の建設を受けつぐ。東西の交流が行われ東アジア文化圏が成立。日本は律令制により国家体制を整備。〈解説〉愛宕　元
203672-7

S-16-6
中国文明の歴史6 宋の新文化
佐伯　富責任編集
庶民の力を結集し宋代の新文化は日本にも刺激を与えて鎌倉新文化を出現。それは西アジア、欧州ルネサンス文化の成立にも影響。〈解説〉島居一康
203687-1

S-16-7
中国文明の歴史7 大モンゴル帝国
田村実造責任編集
モンゴルを統一し、世界征覇の野望のもとに、空前絶後の世界帝国を築いたチンギス・カン。恐るべきエネルギーで欧亜を席捲。〈解説〉杉山正明
203704-5

S-16-8
中国文明の歴史8 明帝国と倭寇
三田村泰助 責任編集
永楽帝時代に海外発展で国威を発揚、繁栄と泰平の世を迎える明帝国は、「北虜南倭」の患が高じ、秀吉の朝鮮出兵が明の衰亡を促す。〈解説〉檀上 寛
203720-5

S-16-9
中国文明の歴史9 清帝国の繁栄
宮崎 市定 責任編集
十八世紀は比類ない繁栄をもたらした清王朝の黄金時代であった。しかし盛者必衰の法則にもれず、やがて没落と衰亡の前兆が……。〈解説〉礪波 護
203737-3

S-16-10
中国文明の歴史10 東アジアの開国
波多野善大 責任編集
惰眠をむさぼる東アジアは、聖書とアヘンと近代兵器を携えた西欧に開国を強いられ、そして侵攻にあえぎながらも民族意識が芽ばえる。〈解説〉坂野良吉
203750-2

S-16-11
中国文明の歴史11 中国のめざめ
宮崎 市定 責任編集
清朝の三百年の統治は遂に破綻をきたし、この腐敗混迷を救うべく孫文が立ちあがる。かくして辛亥革命は成功し、北伐がはじまる。〈解説〉礪波 護
203763-2

S-16-12
中国文明の歴史12 人民共和国の成立へ
内藤 戊申 責任編集
蔣政権樹立から内戦十年、抗日八年の歴史が始まる。蔣軍、紅軍、日本軍の三つ巴の戦い、大長征を経て人民共和国が成立する。〈解説〉江田憲治
203789-2

S-18-1
大乗仏典1 般若部経典 金剛般若経／善勇猛般若経
長尾 雅人
戸崎 宏正 訳
「空」の論理によって無執着の境地の実現を目指す『金剛般若経』。固定概念を徹底的に打破し、「真実あるがままの存在」を追求する『善勇猛般若経』。
203863-9

S-18-2
大乗仏典2 八千頌般若経Ⅰ
梶山 雄一 訳
多くの般若経典の中でも、インド・チベット・中国・日本など大乗仏教圏において最も尊重されてきた『八千頌般若経』。その前半部分11章まで収録。
203883-7

S-18-3
大乗仏典3 八千頌般若経Ⅱ
梶山 雄一
丹治 昭義 訳
すべてのものは「空」であることを唱道し、あらゆる有情を救おうと決意する菩薩大士の有り方を一貫して語る『八千頌般若経』。その後半部を収める。
203896-7

各書目の下段の数字はISBNコードです。978－4－12が省略してあります。

S-18-4
大乗仏典4 法華経Ⅰ
松濤誠廉
長尾雅人 訳
丹治昭義
『法華経』は、的確な比喩と美しい詩頌を駆使して、現実の人間の実践活動を格調高く伝える讃仏・信仰の文学である。本巻には、その前半部を収める。
203949-0

S-18-5
大乗仏典5 法華経Ⅱ
松濤誠廉
丹治昭義 訳
桂紹隆
中国や日本の哲学的・教理体系の樹立に大きな影響を与えた本経は、今なお苦悩する現代人の魂を慰藉してやまない。清新な訳業でその後半部を収録。
203967-4

S-18-6
大乗仏典6 浄土三部経
山口益
桜部建 訳
森三樹三郎
阿弥陀仏の功徳・利益を説き、疑いを離れることで西方極楽浄土に生まれ変わるという思想により、迷いと苦悩の中にある大衆の心を支えてきた三部経。
203993-3

S-18-7
大乗仏典7 維摩経（ゆいま）・首楞厳三昧経（しゅりょうごんざんまい）
長尾雅人 訳
丹治昭義
俗人維摩居士の機知とアイロニーに満ちた教えで、空の思想を展開する維摩経。「英雄的な行進の三昧」こそ求道のための源泉力であると説く首楞厳経。
204078-6

S-18-8
大乗仏典8 十地経
荒牧典俊 訳
「菩薩道の現象学」と呼び得る本経は、菩薩のあり方やその修行の階位を十種に分けて解き明かし、大乗仏教の哲学思想の展開過程における中核である。
204222-3

S-18-9
大乗仏典9 宝積部経典
迦葉品／護国尊者所問経／郁伽長者所問経
長尾雅人 訳
桜部建
「世界の真実を見よ」という釈尊の説いた中道思想を易しく解説し、美しい言葉と巧みな比喩によって「心とは何か」を考察する「迦葉品」。
204268-1

S-18-10
大乗仏典10 三昧王経Ⅰ
田村智淳 訳
本経は、最高の境地である「空」以上に現実世界での行為に多くの関心をよせる。格調高い詩句と比喩を駆使して、哲学よりも実践を力説する物語前半部。
204308-4

S-18-11
大乗仏典11 三昧王経Ⅱ
田村智淳 訳
一郷正道
真理は、修行によってのみ体験しうる沈黙の世界である。まさに「三昧の王」の名にふさわしく、釈尊のことばよりも実践を強調してやまない物語後半部。
204320-6

S-18-12
大乗仏典12 如来蔵系経典
髙﨑直道 訳
衆生はすべて如来の胎児なりと宣言した如来蔵経、大乗仏教の在家主義を示す勝鬘経など実践の主体である心を考察する深遠な如来思想を解き明かす五経典。
204358-9

S-18-13
大乗仏典13 ブッダ・チャリタ（仏陀の生涯）
原 実 訳
世の無常を悟った王子シッダルタを出家させまいと誘惑する女性の大胆かつ繊細な描写を交え、人間仏陀の生涯を佳麗に描きあげた仏伝中白眉の詩文学。
204410-4

S-18-14
大乗仏典14 龍樹論集
梶山雄一
瓜生津隆真 訳
人類の生んだ最高の哲学者の一人龍樹は、言葉と思惟を離れ、有と無の区別を超えた真実、「空」の世界へ帰ることを論じた。主著『中論』以外の八篇を収録。
204437-1

S-18-15
大乗仏典15 世親論集
長尾雅人
梶山雄一 訳
荒牧典俊
現象世界は心の表層に過ぎない。それゆえ、あらゆるものは空であるが、なおそこに「余れるもの」が基体としてあると説く世親の唯識論四篇を収める。
204480-7

S-22-6
世界の歴史6 隋唐帝国と古代朝鮮
礪波 護
武田幸男
古代日本に大きな影響を与えた隋唐時代の中国、そして古代朝鮮の動向と宗教・文化の流れを描き、密接にかかわりあう東アジア世界を新たに捉え直す。
205000-6

み-22-21
中国史の名君と宰相
宮崎市定
礪波 護 編
始皇帝、雍正帝、李斯……激動の歴史の中で光彩を放った君臣の魅力・功罪・時代背景等を東洋史研究の泰斗が独自の視点で描き出す。〈解説〉礪波 護
205570-4

み-22-11
雍正帝（ようせいてい） 中国の独裁君主
宮崎市定
康熙帝の治政を承け中国の独裁政治の完成者となった雍正帝。その生き方から問う、東洋的専制君主とは？「雍正硃批諭旨解題」併録。〈解説〉礪波 護
202602-5

み-22-18
科挙 中国の試験地獄
宮崎市定
二万人を収容する南京の貢院に各地の秀才が集ってくる。老人も少なくない。完備しきった制度の裏の悲しみと喜びを描き凄惨な試験地獄の本質を衝く。
204170-7

各書目の下段の数字はISBNコードです。978－4－12が省略してあります。

み-22-19
隋の煬帝（ようだい）
宮崎市定
父文帝を殺して即位した隋第二代皇帝煬帝。中国史上最も悪名高い皇帝の矛盾にみちた生涯を検証しつつ、混迷の南北朝を統一した意義を詳察した名著。
204185-1

み-22-22
水滸伝　虚構のなかの史実
宮崎市定
史書に散見する宋江と三十六人の仲間たちの反乱は、いかにして一〇八人の豪傑が活躍する痛快無比な伝奇小説『水滸伝』となったのか？〈解説〉礪波　護
206389-1

み-22-23
アジア史概説
宮崎市定
漢文明、イスラム・ペルシア文明、サンスクリット文明、日本文明等が競い合い、補いながら発展してきたアジアの歴史を活写した名著。〈解説〉礪波　護
206603-8

ち-3-8
江（こう）は流れず　小説日清戦争（上）
陳舜臣
朝鮮をめぐり風雲急をつげる日中関係。中国の袁世凱、朝鮮の金玉均、日本の竹添進一郎など多様な人物と民衆の動きを中心に戦争前夜をダイナミックに描く。
201143-4

ち-3-9
江は流れず　小説日清戦争（中）
陳舜臣
開戦はすでに計画表に書き込まれた。朝鮮全土に東学党の乱が燃え上がり、遂に日本と清は朝鮮に出兵する。戦争への緊迫の過程を精細に描く。
201153-3

ち-3-10
江は流れず　小説日清戦争（下）
陳舜臣
黄海の海戦、鴨緑江を越え遼東半島に展開する陸戦の激烈な戦いから、列強の干渉を招く講和までを描く。歴史大作、堂々の完結！〈解説〉奈良本辰也
201162-5

ち-3-11
弥縫録（びほうろく）　中国名言集
陳舜臣
「弥縫」にはじまり「有終の美」にいたる一〇四の身近な名言・名句の本来の意味を開示する。ことばと人間の叡知を知る楽しさがあふれる珠玉の文集。
201363-6

ち-3-13
実録アヘン戦争
陳舜臣
東アジアの全近代史に激甚な衝撃を及ぼした戦争と人間。その全像を巨細に活写し、読む面白さ溢れる名歴史書に「それからの林則徐」を付した決定版。
201207-3

ち-3-18
諸葛孔明（上）　陳 舜 臣
後漢衰微後の群雄争覇の乱世に一人の青年が時を待っていた……。透徹した史眼、雄渾の筆致が捉えた孔明の新しい魅力と「三国志」の壮大な世界。
202035-1

ち-3-19
諸葛孔明（下）　陳 舜 臣
関羽、張飛が非業の死を遂げ、主君劉備も逝き、蜀の危急存亡のとき、丞相孔明は魏の統一を阻止するため軍を率い、五丈原に陣を布く。〈解説〉稲畑耕一郎
202051-1

ち-3-20
中国傑物伝　陳 舜 臣
詩才溢れる三国志の英雄曹操、官官にして大航海の偉業を達成した明の鄭和……。中国史に強烈な個性の光芒を放つ十六人の生の軌跡。〈解説〉井波律子
202130-3

ち-3-26
鄭成功 旋風に告げよ（上）　陳 舜 臣
福建の海商の頭目鄭芝竜を父に、日本女性を母にしてうまれた鄭成功。唐王隆武帝を奉じて父とともに反清勢力を率いることになった若き英雄の運命は。
203436-5

ち-3-27
鄭成功 旋風に告げよ（下）　陳 舜 臣
父芝竜は形勢の不利をさとり清朝に投降するが、鄭成功はなおも抗清の志を曲げない。貿易による潤沢な資金を背景に強力な水軍を統率し南京へ向かう。
203437-2

ち-3-31
曹 操（上）魏の曹一族　陳 舜 臣
縦横の機略、非情なまでの現実主義、卓抜な人材登用。群雄争覇の乱世に躍り出た英雄の生涯に〈家〉の視点から新しい光を当てた歴史長篇。
203792-2

ち-3-32
曹 操（下）魏の曹一族　陳 舜 臣
打ち続く兵乱、疲弊する民衆。乱世に新しい秩序を打ち立てようとした超世の傑物は「天下なお未だ安定せず」の言葉を遺して逝った。〈解説〉加藤 徹
203793-9

ち-3-35
孫 文（上）武装蜂起　陳 舜 臣
清朝打倒を決意した孫文は、同志とともに広州で最初の武装蜂起を企てる——。「大同社会」の実現をめざして、世界を翔る若き革命家の肖像。
204659-7

各書目の下段の数字はISBNコードです。978-4-12が省略してあります。

ち-3-36　孫　文（下）辛亥への道　陳　舜臣

たび重なる蜂起の失敗。しかし宮崎滔天ら多くの日本人と中国留学生に支えられ、王朝の終焉に向けて孫文は革命運動の炎を燃やし続ける。〈解説〉加藤　徹

204660-3

ち-3-54　美味方丈記　陳　舜臣／陳　錦墩（きんとん）

誰もが食べられるものをおいしくいただく。「食」を愛してやまない妻と夫が普段の生活のなかで練りあげた楽しく滋養に富んだ美味談義。

204030-4

み-36-1　奇貨居（お）くべし　春風篇　宮城谷昌光

秦の始皇帝の父ともいわれる呂不韋。一商人から宰相にまでのぼりつめた謎多き人物の波瀾に満ちた生涯を描く歴史大作。本巻では呂不韋の少年時代を描く。

203973-5

み-36-2　奇貨居くべし　火雲篇　宮城谷昌光

「和氏の璧」の事件を経て、孟嘗君、孫子ら乱世の英傑と出会い、精神的・思想的に大きく成長する、青年呂不韋の姿を澄明な筆致で描く第二巻。

203974-2

み-36-3　奇貨居くべし　黄河篇　宮城谷昌光

孟嘗君亡きあと、謀略に落ちた慈光苑の人々を助け、新しい一歩を踏み出す呂不韋。一商人から宰相にのぼりつめた政商の激動の生涯を描く大作、第三巻。

203988-9

み-36-4　奇貨居くべし　飛翔篇　宮城谷昌光

いよいよ商人として立つ呂不韋。趙にとらわれた公子を扶け、大国・秦の政治の中枢に食い込むための大きな賭けがいま、始まる！　激動の第四巻。

203989-6

み-36-5　奇貨居くべし　天命篇　宮城谷昌光

商賈の道を捨て、荘襄王とともに理想の国家をつくるため、大国・秦の宰相として奔走する呂不韋だが……。宮城谷文学の精髄、いよいよ全五巻完結！

204000-7

み-36-7　草原の風（上）　宮城谷昌光

三国時代よりさかのぼること二百年。劉邦の子孫にして、勇武の将軍、古代中国の精華・後漢王朝を打ち立てた光武帝・劉秀の若き日々を鮮やかに描く。

205839-2

み-36-8
草原の風（中）
宮城谷昌光
三国時代に比肩する群雄割拠の時代、天下に乱立する英傑と鮮やかな戦いを重ね、天下統一へ地歩を固める劉秀。天性の将軍・光武帝の躍動の日々を描く！
205852-1

み-36-9
草原の風（下）
宮城谷昌光
いよいよ天子として立つ劉秀。その磁力に引き寄せられるように、多くの武将、知将が集結する。光武帝の後漢建国の物語、堂々完結！〈解説〉湯川　豊
205860-6

か-18-7
どくろ杯
金子　光晴
『こがね蟲』で詩壇に登場した詩人は、その輝きを残し、夫人と中国に渡る。長い放浪の旅が始まった――青春と詩を描く自伝。〈解説〉中野孝次
204406-7

か-18-8
マレー蘭印紀行
金子　光晴
昭和初年、夫人三千代とともに流浪する詩人の旅はいつ果てるともなくつづく。東南アジアの自然の色彩と生きるものの営為を描く。〈解説〉松本　亮
204448-7

か-18-9
ねむれ巴里
金子　光晴
深い傷心を抱きつつ、夫人三千代と日本を脱出した詩人はヨーロッパをあてどなく流浪する。『どくろ杯』につづく自伝第二部。〈解説〉中野孝次
204541-5

か-18-10
西ひがし
金子　光晴
暗い時代を予感しながら、喧噪渦巻く東南アジアにさまよう詩人の終りのない旅。『どくろ杯』『ねむれ巴里』につづく放浪の自伝。〈解説〉中野孝次
204952-9

か-18-11
世界見世物づくし
金子　光晴
放浪の詩人金子光晴。長崎・上海・ジャワ・巴里へと至るそれぞれの土地を透徹な目で眺めてきた漂泊の詩人が綴るエッセイ。
205041-9

か-18-12
じぶんというもの　金子光晴老境随想
金子　光晴
友情、恋愛、芸術や書について――波瀾万丈の人生を経て老境にいたった漂泊の詩人が、人生の後輩に贈る人生指南。〈巻末イラストエッセイ〉ヤマザキマリ
206228-3

各書目の下段の数字はISBNコードです。978－4－12が省略してあります。

か-18-13
自由について　金子光晴　老境随想
金子光晴
自らの息子の徴兵忌避の顚末を振り返った「徴兵忌避の仕返し恐る」ほか、戦時中も反骨精神を貫き通した詩人の本領発揮のエッセイ集。〈解説〉池内恵
206242-9

か-18-14
マレーの感傷　金子光晴　初期紀行拾遺
金子光晴
中国、南洋から欧州へ。詩人の流浪の旅を当時の雑誌掲載作品や手帳などから編集する。晩年の自伝三部作へ連なる原石的作品集。〈解説〉鈴村和成
206444-7

い-61-2
最終戦争論
石原莞爾
戦争術発達の極点に絶対平和が到来する。戦史研究と日蓮信仰を背景にした石原莞爾の特異な予見は、日本を満州事変へと駆り立てた。〈解説〉松本健一
203898-1

ク-6-1
戦争論（上）
クラウゼヴィッツ　清水多吉訳
プロイセンの名参謀としてナポレオンを撃破した比類なき戦略家クラウゼヴィッツ。その思想の精華たる本書は、戦略・組織論の永遠のバイブルである。
203939-1

ク-6-2
戦争論（下）
クラウゼヴィッツ　清水多吉訳
フリードリッヒ大王とナポレオンという二人の名将の戦史研究から戦争の本質を解明し体系的な理論化をなしとげた近代戦略思想の聖典。〈解説〉是本信義
203954-4

モ-10-1
抗日遊撃戦争論
毛沢東　小野信爾／藤田敬一／吉田富夫訳
中国共産党を勝利へと導いた「言葉の力」とは？毛沢東が民衆暴動、抗日戦争、そしてプロレタリア文学について語った論文三編を収録。〈解説〉吉田富夫
206032-6

マ-2-4
君主論　新版
マキアヴェリ　池田廉訳
「人は結果だけで見る」「愛されるより恐れられるほうが安全」等の文句で、権謀術数の書のレッテルを貼られた著書の隠された真髄。〈解説〉佐藤優
206546-8

か-56-7
社長のためのマキアヴェリ入門
鹿島茂
マキアヴェリの『君主論』の「君主」を「社長」と読み替えると超実践的なビジネス書になる！現代の君主＝社長を支える実践的な知恵を引き出す。〈解説〉中條高徳
204738-9